U0249865

施澄 著

CommonSense
of
Urban
Planning

城市规划常识

中国建筑工业出版社
CHINA ARCHITECTURE & BUILDING PRESS

序

施澄的《城市规划常识》是贴在概念热潮中的清凉剂。

常识来自体验与洞悉，有异于观察与分析。观察是局外人在外面看，体验是局内人切身感受；分析是抽象式的分解，洞悉是直觉式的整合。城市规划是要处理城市的各种现象，或维持之，或改变之，这需要明白现象（phenomena）的本质和现象之间的因果关系，也就是要明白现象底下的真相（reality）。

举例，城市不断地向外围扩散是个现象，是可以观察到的；城市小汽车不断增加也是个现象，也是可以观察到的。两者的相应关系是可以分析出来的，但小汽车增加与城市扩散的因果关系就不可能单从观察与分析得来了。且看，在城市不断向外围扩散中，城市的电冰箱也在不断地增加。这些都是可以观察到的，两者的相应关系也是可以分析出来的，但没有人认为两者之间存在因果关系。小汽车的增加与城市扩散的因果相连是个洞悉，属于城市规划常识（当然，小汽车增加不可能是城市扩散的全部成因，这也是个常识）。

但是常识也不一定是正确的，需要通过推理和验证才可辨明真相。在我们的例子中，小汽车增加与城市范围扩大的因果关系可以作以下的推理和验证：小汽车增加提高城市空间可达性（大前提）；假如其他条件不变（例如地价仍是市中心较高，市外围较低），城市空间可达性提高会导致城市范围扩大（小前提）；因此，小汽车增加带来城市范围扩大（结论）。这是典型的亚里士多德三段式推理。接下来就是以观察（数据）和分析来验证小汽车的使用与空间可达性增减的相应关系和空间可达性增减与城市范围大小的相应关系。科学求真就是理性地、系统地从现象中找寻真相。

知其然是对现象的认识；知其所以然是对真相的辨别。常识来自对现象的体验和对真相的洞悉，但体验的准确性和洞悉的完整性仍要靠科学的理性判断和系统分析。常识不是科学，但远胜于很多意识形态式的概念，它是科学的灵感、"缪斯"。施澄的《城市规划常识》一书，贡献即在于此。

梁鹤年

加拿大女王大学城市与区域规划学院院长，教授

2015 年 1 月于加拿大

前　言

城市规划与其他许多所谓的"专业"好像有许多不同之处，同样是和人民群众的生活息息相关，相比医学、法学、物理、文学和工学等，它显得似乎不那么"专业"，罕有让人听不明白的专业名词和理论，哪怕乍听起来不明白，简单解释一番大都能理解。由于不专业，就难以诉诸所谓权威；然而，可以来畅所欲言者却也可趋之若鹜。

当今世界过半数人口已经生活在城市之中，而将来人口的比例会有更多，进入所谓快速城市化的进程。在整个过程中，有哪个人不把他们最痛恨的城市问题归结于城市规划师的失败呢？！这个世界上最美好城市的典范，又几乎都不出自哪位城市规划大师的手笔。

无论对于政府部门还是各类媒体，有关各种城市规划问题的争论成为最热门的话题之一，因为这实在是牵涉到太基本的生活。

作为一个所谓的城市规划准专业人士，笔者最感到难过的是要与许多专业和非专业人士对于我所谓的"常识"问题进行长时间的反复的辩论。有人曾经问我现在中国城市规划最大的问题是什么，我说是我们现在还需要经常坐下来讨论"常识"问题，甚至是要在一位博士研究生的答辩会议上。于是，一直在每次此类辩论之后就有把这些问题一一写下来的冲动。但是冷静下来，觉得这些问题虽属"常识"，但大都关系重大，往往涉及根本，不容小视。仔细推敲，遂得此书。

这里所说的"常识"，首先，不是指被认定的专业知识，比如土地容积率定义，虽然期间会涉及专业知识。

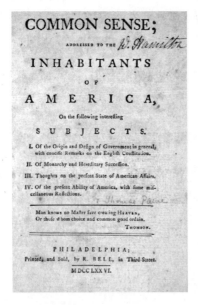

其次，不是指普通人都普遍知道的简单道理或知识，比如信号灯分为红、黄、绿三种颜色，又比如我们不应该在一个高档别墅区的内部安排一个钢铁厂，虽然这些确实是"常识"。最后不是指永恒不变的真理，常识不等同于真理，虽然我们希望这些永远是正确的。

所谓"常识"，英文为"Common Sense"，字面意思是共同普遍拥有的感知，《美国传统词典》（*The American Heritage Dictionary*）（第四版）的解释是 Native good judgment（即良好而自然的判断）。

1776 年，美国思想家及革命家托马斯·佩恩（Thomas Paine）[1] 写下一本名为《常识》的小册子，参加独立战争的士兵们人手一册，它告诉士兵，美国人要独立

1 托马斯·佩恩（Thomas Paine, 1737 年 1 月 29 日 – 1809 年 6 月 8 日），英裔美国思想家、作家、政治活动家、理论家、革命家、激进民主主义者。美利坚合众国的国家名称（The United States of America）也出自佩恩，也被广泛视为美国开国元勋之一。37 岁前在英国度过，之后移居英属北美殖民地，之后参加了美国独立运动。在此期间他撰写了铿锵有力并广为流传的小册子《常识》（1776）极大地鼓舞了北美民众的独立情绪。

并非是英国人对美国人不好，而是美国人要建立一个了不起的新国家，这一观点后来成为所有美国人心中的"常识"。香港的独立评论员梁文道先生，把对于事实评论的杂文集，编成名为"常识"的书，矛头直指国人对许多问题没有基本的判断，即所谓没有"常识"。

在这里，我所说的"常识"是指，作为专业城市规划师应有的自然而正确的判断，不可能成为学术讨论议

题的部分。这些"常识"，应该是被普遍接受的，其间的道理是可以让非专业的人士也能想明白的。这些常识构成了我们对于城市规划的基本理解，现行的城市规划实践不应该和这些"常识"相悖。可是，现实的情况是往往在"常识"问题上犯的错误，"常识"性的错误通常都是最为严重的错误。

感谢在英伦留学期间平静的生活能让我冷静而客观地写出这本书，文章部分写就于牛津大学 Radcliffe Science Library，这是一座 12 世纪的建筑，每天陪伴身旁的是英语世界最为完整的城市规划图书；部分内容写就于去某处的飞机上和牛津小城各处的咖啡馆。

2014 年 5 月于英国牛津大学

目 录

序

前 言

目录

13

第一章　存在的理由

1. 城市为什么需要城市规划和城市规划师？

造房子一定需要建筑师，这件事情很好理解，否则房子是肯定建造不起来的，所以自古以来就有建筑师和土木工程师。但是建城就一定要有城市规划师吗？事实上，现代城市规划和职业城市规划师出现得很晚，都是近些年的事情，可是城市的诞生有好几千年了。古代城市的建设，偶尔会为了类似长安、洛阳、北京这样的都城而有专门的城市整体规划和安排，绝大多数的城市都是自然形成的，或者是建筑师稍微协调一下建筑之间的关系就解决了的（如近代欧洲城市大都是由建筑师规划完成的）。

我们到底需不需要城市规划是一个很多人会问的问

题。在计划经济时代，既然有了如此详细的城市建设计划为什么还需要规划呢？于是，1960年召开的第九次全国计划会议曾提出："三年不搞城市规划"（实际上后来是近20年没有搞城市规划）。之后更是取消了城市规划专业，直到改革开放之初才恢复。如果没有城市规划，那么规划师肯定也是多余的。

那么，到底需不需要城市规划呢？答案是非常肯定的，那就是我们需要城市规划。

原因一，现代城市的规模和系统复杂程度远远超过古代的城市。现代城市拥有极为复杂的市政管线、道路系统、地下空间等，作为一个复杂巨系统是古代城市所完全不能比拟的。人口规模、用地种类、城市的经济运行规律，产业布局问题等也较之前的城市复杂万倍。所以就需要有一个专门的学科来研

4

究安排整个系统的运行，而且会牵涉各种其他相关学科，如建筑学、水文地质、土木工程、人文地理、经济管理等。

原因二，规划不等于实施计划的总和 。计划是具体的安排，是建设流程的前部工作，但是规划的概念远远大于计划的概念。规划一般面向更长远时间段（少则数十年，多则上百年）的考虑，计划一般就 3~5 年。计划只考虑要实施的部分，规划还要考虑不实施的部分。计划只讲结果，规划还要讲道理。

原因三，现代城市规划是准公共政策，是面向全社会成员的管理。现代城市除了涉及工程技术方面的安排以外，还有大量的公共政策部分，要对许多建设行为做出鼓励或者限制，甚至是对全体成员的行为进行管理，比如限制单双号车牌。

既然需要城市规划，但是必须有专门的人员从事吗？难道建筑师不能代替吗？答案也是非常肯定的，不能。规划不仅仅解决建筑之间的空间协调关系，更解决空间所有者之间的利益纠葛。如之前所说，有一些规划，如控制性详细规划，本身就是要绑住建筑师的手脚。现代城市规划学的内涵和外延，已经远远超越原有的建筑学的范畴，是一门独立的复杂的综合性学科。现代的城市规划师也是独立于建筑师和其他工程技术人员的专门职业，是不可或缺的。

2．城市是多样的、城市规划是复杂的

简·雅各布斯（Jane Jacobs）[1] 说，城市的多样性是
大城市的天性（Diversity is nature to big cities）。她
说出了一句如此简单的、石破天惊的、后来被无数人
反复吟咏的常识，以至于后来伴随她此语所记录的畅
销书《美国大城市的死与生》，成为城市规划思想史
上最具有影响力的著作。在此之前这句话，似乎也是

[1] 简·雅各布斯
称得上是过去
半个世纪对美
国乃至世界城
市规划发展影
响最大的人士
之一，出版于
1961 年的《美
国大城市的死
与生》震撼了
当时的美国规
划界。

每一个职业规划师都懂的，而在从业时大部分规划师都忘却的。虽然简·雅各布斯的这本书从它50多年前诞生至今一直都像重拳提醒并颠覆着城市规划的发展，但是忽视甚至无视城市多样性的现象似乎并没有改观多少。

简·雅各布斯在说城市的多样性是大城市的天性时，要表达的意思是大城市会自然天成地生长出多样性的。最关键的原因是大城市提供了足够充分的、多样的中小商业人群和市场，这是相对于工业区、矿区和农村最重要的区别；再加之，许多大城市有着悠久的历史、漫长的发展、多元的文化、多样的种族等，这些因素的交织会加剧这种多样性。

城市的多样性是城市魅力最基本的源泉。简·雅各布斯在书中引用1791年詹姆斯·博斯维尔（James

Boswell）的话，"想象伦敦对于不同的人来说是多么的不同。那些头脑狭隘、专盯着一种事情不放的人，看到的伦敦就只有那么一小块，而那些头脑里充满智慧的人，他们会迷上伦敦，从那里看出人生的千姿百态，这样的观察是不可穷尽的"。当然这里的伦敦其实可以被替换为其他许多知名的大城市也一样成立的。

既然大城市的多样性是自然形成的，几乎绝大部分的最好的城市混合用地发展案例都不是规划的结果而是自然天成的结果，城市的多样性也不是某一位城市规划师能规划穷尽的，那为什么还需要城市规划呢？这是因为城市规划要留给这个城市多样性发展以足够的空间和土壤。现代的城市规划常常出于想当然的自信和模式化的简单拼接，冷酷无情地破坏和断送城市的多样性。其中一个最典型的例子是大项目的改造，在华丽的总平面和所谓多功能的设计方案背后，掩盖不住一个呆板的单一开发体代替了琐碎的有时甚至是杂乱无章的复杂体。自然形成的城市街区是具有多样性的生命体，它为各种城市活动提供空间，并且相互支持。破坏城市的多样性就是破坏城市的生命力。

城市具有多样性的天性，所以城市规划注定具有复杂性的天性，城市规划注定是一项艰难的工作。城市规划师要保护和发展城市的多样性，需要有对于城市的深刻理解和认知，而不是简单从单一用地变成混合用地。城市规划师要摒弃简单的盲人摸象式的拼贴，发展出一套新的能够应对城市多元复杂生长需求的编制方法，是非常困难和具有挑战的。

3. 城市规划研究与实践

城市规划研究与实践的关系原本就如大多数学科的理论与实践的关系一样，是本与末的关系，前者是相对于后者的高度指导，好比科学与技术。从事规划研究的人员，几乎集中于高校和中立研究机构，学科背景非常丰富，几乎可以有来自所有相关学科的背景，研究内容更多集中于现象本质的剖析，相当于"诊病"。从事规划实践的人员，主要来自商业咨询机构和工程技术单位，学科背景虽然也很丰富，但主要还是来自狭义的城市规划专业，他们考虑的主要问题集中在解决问题，而且是解决非常具体的问题，相当于"治病"。现实的困境是两者愈行愈远，不是相濡以沫，而是相望于江湖，甚至有时几乎不能阅读对方的成果，更不必说前者对于后者的指导，后者对于前者的反馈。这样的现象国外比国内的情况更突出，而国内这样的趋势也在加剧。

究其原因，首先城市规划这一学科领域，就是从实践出发而产生的，这部不同于哲学、物理学等脱胎于纯理念世界的学科。规划师在很大程度首先是一个实用主义者。实践是城市规划的终极归宿，再美妙的理论如果在实践中失败，都不值得有半点同情，这在城市规划发展史上有许多例子。目前，城市规划研究越来越远离实践，这在西方发达国家非常突出，主要原因是西方发达国家的城市规划实践的机会过少。在当今的中国，规划研究者的幸运是有更多机会接触规划实践，这是机会也是挑战。

其次，规划研究的思维本质在于"归纳"，规划实践的本质在于"演绎"。"归纳"需要很好的头脑、大量知识和实践的积累，需要去沙取金，需要非常谨慎小心，这往往让处于学习状态的学生感到困难，所以从

事规划研究的人大部分是学究味道很重的研究生以上
学历者。"演绎"是相对自由的，面向形象的现实世
界是易于理解的，学生往往比较容易接受，也愿意发
挥他们年轻的想象力。这在城市设计环节中非常明显，
大部分学生相比前期的理性分析，更热衷于后期的感
性设计，也容易被新奇的设计方案所感动。

最后，从事规划研究和规划实践的团体之间相互依存
的需求越来越小，导致相互交流的频繁程度和有效性
也越来越小。规划研究者的资料来源大部分是由公共
部门提供的，咨询部门虽然也掌握着许多研究团体十
分感兴趣的资料，但是这些资料往往又处于某种商业
秘密的规避下。规划研究的成熟成果，早就公布于世，
运用于实践之中，新成果对于规划实践的指导往往又
处于不成熟或者带有乌托邦的味道，对于咨询部门的
价值有限。

4. 城市规划是体现社会价值观和政治意识形态的

之前的文章已经谈及城市规划学科主要来源于建筑学，但是发展到今天，已经大相径庭了。规划师和建筑师有着本质的不同，这里要讲的其中一项重要的不同就是建筑师主要的设计目的是满足私人的建筑功能和美学情趣，当然公共建筑也会涉及体现意识形态、时代的价值取向，私人建筑也会涉及家庭等级关系等。但是相比之下，城市规划师面对的问题与政治意识形态和社会价值观就要更加密切得多。

在中国最早谈及城市规划的典籍《周礼·考工记》中就提到"方九里，旁三门"、"经涂九轨，九经九纬"、"左祖右社，面朝后市"。这些筑城的思想，来自于有

关的古代社会文化与意识形态，"祖"与"社"就是
那个时代的核心价值即祖先和农业生产，严格的等级
制度就是分封建制的核心意识形态。这样的传统一直
延续到今天，比如经常作为都城的北京、西安、南京
等城市继续保留。城市物质环境格局确定人们基本的
生活格局，生活的格局大大强化和保障了政治意识形
态的延续。这是人类作为社会性动物的基本特征之一。

如果古代社会强调等级，而这种等级又必须映射在城
市的空间布局上的话，那么现在社会推崇的普世价值
观是平等、自由和博爱，其在城市空间也必须体现这
一意识形态。所以我们今天的城市就相对自由和开放
得多，表现在今天的城市是有更多的开放空间，更少
的限制地区；区域之间没有等级、对于外来人口也更
宽容；反对空间上的社会分异现象，避免出现集中的
贫民窟和富人区；大量的公共基础设施的投入，主要

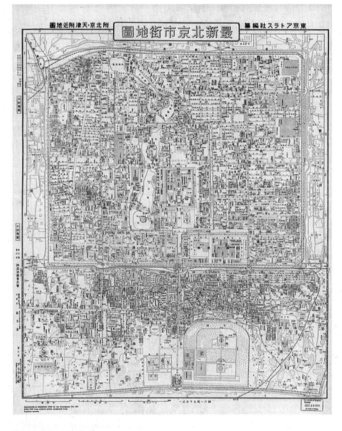

1948 年的北平地图 [1]

[1] 坐北朝南,九经九纬的北京城,体现了封建专制王朝君临天下的态度,又暗合于阴阳五行的传统文化认知。这个传统一直可以追溯到周代。

帮助社会中下阶层等。

城市规划的主体是政府，而政府是国家机器最重要的组成部分之一，所以城市规划一定体现某个国家在某一历史阶段的政治意识形态。这是城市规划基本动因。比如说，中国在"文革"时期是要"破四旧，砸碎旧世界"的状态下，那么大量古代文物、历史街区被破坏；另一方面，要强调无产阶级领导一切，消灭一切资产阶级和剥削，那么工人阶级就有机会住进城市中心最好的区位甚至是以前的洋房。改革开放以后，市场经济又决定了新的分配方式，所以今天我们的城市又开始展现出新的状态。它会影响到城市的空间布局、建筑风格、人口分布、基础设施投入量等城市中最关键的要素。英国的大卫·哈维（David Harvey），这位当代的马克思主义者，有许多重要的著作就是阐述资本主义社会下的城市规划通过城市空间的控制，如何剥削和压迫劳动人民，最终为资产阶级服务。

这些经常是被许多规划师所忽略的，以为城市规划师即为城市整体工程设置，是"装修"的工程师，忽略了物质空间背后的政治本质。规划师为什么要关心政治内涵呢？这又回到了，规划师的本质是与建筑师不同，规划师是要为多数人谋福利的，规划师每一个决策都能体现他个人的政治价值判断。城市规划决策又往往都意味对社会阶层的利益进行重大重新分配。当最终的城市物质形态完成的时候，生活其中的人民，会深受其福或祸，而不会轻易再改变。

一个有良知的规划师心里，永远会装着他深爱的人民。

5．好的城市规划可能是平淡无奇的

作为商业咨询的城市规划师，常常愿意自己的规划成果有新意、有出彩的部分，来博得咨询方的好感。这一点和建筑师很接近，但是之前的文章多次提到，规划师与建筑师在许多方面是不同的。建筑设计在保证使用功能的前提下，建筑形式的创新和艺术表现效果是建筑师的核心工作。但是，对于规划师而言，好的城市规划很有可能是平淡无奇的。

城市的规划是一个理性的过程，合理安排城市空间中的元素来达到城市发展目标（当然这个目标本身应该也一定是理性的）。它追求的是每一步逻辑内在的合理性和成立，对于各种相互矛盾的因素的综合处理，避免重大不利因素的形成，而不是某一时某一处，吸

引眼球的地标、翻天覆地的改造，或者与众不同的另
类。如果过分强调形式上的美感，那就是当代城市规
划教育的失败和政府好大喜功的形象工程了。好的规
划是切中要害、治病救人、雪中送炭，而不是锦上添
花，更不是无病呻吟。

一个城市所面临的基本环境和格局往往是一定的，
所需要达到的目标也往往都是最常见的那一些问题，
处理的手段大部分时候也是常见的办法。通常来说，
不太可能会有一个非常特别、非常神奇的方法一下
子改变一个城市。所以，规划师大可不必对于自己
提出的方案寻常、没有新意感到不安。相反，负责
任的规划师不可以刻意为了追求与众不同，而提出
特别的方案。

有许多被我们奉为经典的成功城市，其本身也是平淡

无奇的，但是内在的和谐与合理，会让身处其中的人们感到惬意。相反，现在常常能看到的许多大胆的规划方案（有许多甚至是世界最著名的规划和设计公司提出的），常常是不切实际、违背规律的，甚至会导致致命的后果。

理解平淡无奇的城市规划，对于规划师可能不是太难，而要保持冷静、不浮躁的心态确实是需要勇气和耐心。

6. 城市规划在不同国家和地区大相径庭

当我们在说物理学时，一般是不会加上中国的物理学、美国的物理学之类的定语，因为物理学的研究对象和结论是放诸四海的，所谓人同此心，心同此理。城市规划的对象和基本原理也没有地区因素的问题。但是城市规划实践，即具体运行过程和编制内容在不同国家却是大相径庭的。

不同的土地所有制决定城市规划的编制流程。土地所有制问题，是关系到土地开发办法的根本问题，也是政府土地管理办法的根本决定因素之一。在欧美资本主义国家，一般来说，土地是私有的，而我国是实行社会主义公有制的土地所有制制度，城市土地归国家拥有，农村土地归集体所有。整个规划编制流程和相关法律都会围绕土地所有制度展开，对于土地要素变更的法律权限和程序会有很大的不同。

不同政治体制决定城市规划的不同编制办法。不同国家的政治体制导致的差别比土地所有制导致的差别还要大。这关系到立法、司法和行政权力分配的差别，地方政府与中央政府权力分配的差别。一般来说，欧洲国家，如英国、法国、德国，在城市规划方面，中央政府的权力比较大，属于集权体制。这些国家非常重视各类城市规划，相关规定非常详细和严格。而美国是联邦政府，权力相对较小，地方自治权力较大的国家，所以美国的城市规划比较少，主要是一些政府对于土地管理的限制类条文，很少直接参与建设，并且美国每一个州的规划管理制度也差别很大。中国比较特殊，一方面地方政府的权力很大，城市的管理和规划都是由地方政府负责；另一方面，中央政府的权力也很大，可以轻易干涉地方政府的行为，但又不会没有精力去管所有的细节问题。

不同国家的城市规划专业设置和从业人员也不同。有许多国家的高校是不专门设立城市规划专业的，把这个专业的不同方向分散到其他各个城市建设相关的专业。更一般地，如英美国家，城市规划专业不设立在本科阶段，而是设立在研究生以上学历阶段，研究生的申请者来自其他各个专业。更主要地，在欧美发达国家城市规划类的专业从业人数也相对较少。中国是少数在本科阶段就设立专门的城市规划专业的国家，并且近些年来，开设该专业的学校越来越多，该专业的毕业生人数也非常多，这在其他国家都是少见的。

当代中国的城市规划特征与世界上大部分国家是很不同的，实际上各个国家之间的差别本来就是很大的，没有比较一般的情况。中国的特殊表现在以下几个方面：第一，土地公有性和一定年限内有偿转让；第二，政府中的土地管理和城市规划部门的规模和权力很大；第三，地方自主权力很大，同时中央干预权力很大；第四，有专门的城市规划专业和培训机构；第五，有专门的政府机构下的设计咨询单位，一般来说其他国家都是非政府背景的私人设计咨询单位。

7. 城市规划的优劣不在于其实施的还原程度

以下这段话是艾仑·威尔达夫斯基（ Aaron Wildavsky ）在 1987 年写下的，我一直很愿意拿出来在很多地方引用：

"If planning were judged by results, that is, by whether life followed the dictates of the plan, then planning has failed everywhere it has been tried. No one, it turns out, has the knowledge to predict sequences of actions and reactions across the realm of public policy, and no one has the power to compel obedience."

大致意思是说，如果评价一个规划的好坏是根据实施是否严格按照原有规划指示进行，那么几乎所有的规划都是失败的。没有人能够预测在公共政策领域内的城市发展进程，也没有力量能去强迫按照原有的一直发展。也就是说，城市的发展具有客观性，在很大程度上不被规划的意志，其实也就是决策者的主观意志，所左右的。既然规划实施的结果不能完全用于评价规划的优劣，规划也不能完全左右实施的进程，那么编制城市规划的意义又在哪里呢？

我又很喜欢引用迈克尔·迈耶（Michel Meyer）在1998年，他的《城市交通规划》（*Urban Transportation Planning*）这本书中的话，*"The result of urban transportation planning is any form of communication with the decision maker."* 大致意思是说，城市交通规划本质上可以是任何一种与决策者的沟通，这里的城市交通规划换成更一般的城市规划也是一样的。这句话也就是说规划的本质意义就是与决策者沟通，沟通

的形式是不拘泥的，可以是报告文本、图纸、讨论会
等，总之最后的目的是影响决策。

有很多对于当代城市规划的批评——主要是来自非本
专业领域的，认为某规划不好或者无用的理由是之后
实施的结果与原规划不符。这是一个普遍被误解的概
念，误解的关键是规划和决策的概念区别。决策是面
向结果的，决策的主体是决策者，决策者往往是民主
政府，影响城市发展唯一的动力是决策而不是规划。
规划是面向过程的，重点是影响决策，规划的主体是
专业的规划师及其团队。在古代城市的发展中，往往
没有城市规划，但一定有决策。城市规划的内容主要
是面向过程，指的是对于结果形成路径的关心，也就
是说如何成就结果以及产生的各种问题的分析，对各
种可能性的评价。如果一个城市规划只是讲结果，而
没有分析，这就不称其为规划，有可能有时就称它为

设计。规划师更像是一位好的军师，出谋划策，但绝
不代替元帅的职能。同一个开发项目的实施，往往有
很多规划先后开展，但是决策就只有一个。所以城市
规划优劣的评价，应该是规划是否对于问题剖析到位，
是否把观点准确有效地传达到决策者。这就是为什么
规划师的沟通能力在实践中是非常重要的。当然实施
结果也是很重要的，也能后来反观之前规划是否考虑
周全和偏颇。但是实践中，很少有完全按照规划实施
的，既不现实也无必要，所以实施结果也不能完全反
应规划的水准。

有许多决策时过境迁也就完全失去意义了，但是有时
规划的生命力会更长。比如，上海在民国时期就有抗
战前后的两次"都市计划"，由于战争都没有实施，
当时的决策事后都没有意义了。但是，这两次规划的
资料和规划思想对于后来的上海城市发展却起到了重

要的作用，也就是这些规划对于日后的决策依然存在着影响力。有许多优秀的规划，它的影响力会持续很久，远超过它本身所谓的规划编制年限。所以仅从实施结果来看规划的价值是有偏颇的，民国时期的上海都市计划，与现在上海城市发展的结果相比大相径庭。

第二章　规划师

1. 没有真正意义上的"伟大的城市规划师"

我在牛津大学进行学术交流的时候，有一次是去伦敦参加一个关于从伦敦到曼彻斯特高铁建设必要性的小型讨论会，吸引我的是重要发言人中有我所崇敬的城市规划大师彼得·霍尔（Peter Hall）爵士，当时他已是近 90 岁的高龄。在从牛津去伦敦的火车上，与我同行参加这个会议的一位朋友，不太熟悉彼得，我告诉他彼得是城市规划的大师，他就下意识地问我彼得有什么重要的规划作品吗？他的意思是有哪个城市的成功规划案例是彼得完成的。把这样的一个问题放在和城市规划极具血缘关系的建筑学上是再自然不过的了。

首先，西方学术界的人士很少有直接参与规划咨询实践的，但是彼得·霍尔游走于学界和政界，也参与了许多实际的规划咨询实践。尽管如此，也很难提及有哪个城市是由他规划的。在城市规划史上，能把某一个城市的规划和某一个人的名字联系起来的案例不多，而且基本上大都是建筑师出身，比如柯布西耶的昌迪加尔城规划和尼迈耶的巴西利亚规划等。这些规划基本上也都是主要体现某种形式主义，最终都沦为规划史上的经典反面案例。

最根本的原因是，城市规划是面向过程的决策支持，规划师非决策者本身，这在之前的文章中有所提及。在说一个作品的时候，我们所谈及的是一个结果，但是城市规划本质上是一整套的思维过程。城市规划中对于方案的解释和分析远比方案本身重要得多。既然追求的不是一个结果，就不存在什么个人的作品一说了。

最后，现代的城市规划往往是一个复杂的系统性工程，一个城市的发展面貌和规划蓝图，很难由一个人的意志来左右，一般是多方利益博弈的结果。一个虚幻的

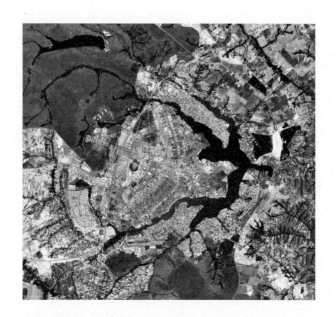

巴西利亚规划[1]

[1] 1956 年，巴西政府决定在戈亚斯州海拔 1100 米的高原上建设新都，定名为巴西利亚，规划人口 50 万，规划用地 152 万平方公里。1957 年巴西利亚开始建设，由巴西建筑师 O. 尼迈耶担任总建筑师。三权分立的形式主义设计，一开始作为建筑界的盛世，之后的使用脱离了实用性，逐渐形成形式主义城市规划的反面典型。

总规划师头衔，在现代城市规划的实践中，已经没有太多实际的意义，更不能把某个城市的发展建设成果归为某人的作品。这是一个单体建筑设计与城市规划的本质区别，城市规划绝不等于一个复杂建筑群设计。建筑师的职能是完成一个单体建筑的形式与内容的统一，这是完全有可能体现个人的意志和美学才能的，建筑也是七大艺术形式之一。也就是为什么有那么多建筑师几乎都有自己的作品。但是城市规划师一般来说，是不存在所谓的个人作品的。如果说某个城市的阶段性发展结果是某一项杰作的话，这个杰作的作者就是每一个在这个城市生活的人。

2. 城市规划师必须有宽阔包容的心

许多职业的从业者是必须具备某种性格上的特定素养才能完成好自己的工作的。比如，外科医生必须有心细如发的心思与耐心，战士需要勇敢无畏的胆魄，法官需要有公正无私的决心。而城市规划师必须要有一颗宽阔包容的心。

城市规划师需要具有包容之心的素养和气魄是直接与这个行业的特质相关的。城市规划的本质就是平衡各方利益，综合各种客观条件，实现多目标决策的事业。城市规划师必须有宰相度量，在肚子里能撑船。在进行规划实践的过程中，有大量的客观无奈是规划师必须忍耐的，有大量不得已的利益需要去牺牲，有极为弱势的群体需要被关注，有许多似是而非的众议需要去力排。总之是要为了一个综合的长远的利益去取舍，而且所有的取舍都是具体的，有时要具体到和落实到图纸上的一条线一个点。

但是遗憾的是，这种素养恰好是这个行业从业者最缺乏的。典型的问题有以下几个。第一，在专业上高度强调分工，缺乏兼容并包的技术基础，这可能是和西方也过于强调分工而东鉴至国内有关。第二，在规划决策建议上，过于迁就甚至是迎合领导意志以及其他强势群体的利益，缺乏包容弱势群体利益的勇气，这可能是和中国当代强势政府直接干预规划，以及主要规划咨询单位为政府直接附属单位有关。第三，许多规划师过分强调自己的设计个性，没有听取别人意见的心胸，这可能是这个行业许多从业者来自偏建筑设计或其他微观设计领域，强调个人作品有关。

3. 规划师一定是理想主义者，也一定是实用主义者——"一半是海水，一半是火焰"

从事城市规划行业的人，总是被两种截然不同的特质困扰着。面对着城市长远的未来，规划师常常表现出理想主义的一面，而面对具体的实施和各种细节，又回到了超级的实用主义者。在进行一项规划活动的过程中，总是一半被"海水浸泡"，另一半被"火焰灼烧"。城市规划事业本身就是这样一个矛盾体，规划师也总是被这两股力量牵扯。

规划师从一开始就不是单纯的城市建设的工程技术人员，从埃比尼泽·霍华德（Ebenezer Howard）[1]

1 埃比尼泽·霍华德（Ebenzer Howard，1850年1月29日—1928年5月1日），英国城市学家、社会活动家，"田园城市"运动的创始人、现代城市规划的奠基人之一。他最为知名的著作是 1898 年出版的《明日的田园城市》（*Garden Cities of To-morrow*）

的《明日的田园城市》开始，就怀有崇高的社会主义理想。城市不仅仅是简单的人类聚居活动的场所，更是人类文明最集中的体现。当规划师在精心规划设计城市空间时，头脑中一定浮现着理想城市的画面。

而当规划师在进行每一项具体的工作时，务实的精神又一以贯之，因为规划师做出的任何一项不切实际的错误决策，都造成对城市的致命伤害，而且这些伤害很多时候又难以弥合。更何况，所有的规划设计工作，无一不是被各种利益纠葛，被环境条件捆缚手脚，处处是左右为难。唯有以务实的精神，才能找寻出可实施的途径。

理想主义，引领实践远离庸俗，追求更高的美好；实用主义，确保理想不会成为空中楼阁。规划师总是大胆假设，小心求证。理想主义和实用主义，"海水"和"火焰"，只有矛盾的对立面被规划师高度的统一，才是城市规划的真正的价值所在，也是艰难所在。

4. 建立城市规划学科的，大多不是职业规划师

城市规划的发展历史，基本上不是作为一个专门的学科发展起来的，这和它作为综合性的应用型学科有关。城市规划学科的发展史和思想史的脉络是很清晰的，但是一路走来的每一步，大都是来自这个学科以外的人。他们主要是以下这样几群人：

第一群人：土木工程师。土木工程师是最早，也是最自然进入城市规划领域的一群人，因为总要有人会具体筑城的本领吧。比如作为现代城市的一个重要标志是城市的给水排水系统，这就是一个城市重大的工程技术问题。其中最有名的是 1850 年代，测量工程师约瑟夫－巴瑟杰（Sir Joseph Bazalgette）领导的为

应对伦敦传染病的城市污水系统改造工程。

第二群人：建筑师。和土木工程师一样，建筑师也是一群很自然进入城市规划领域的人，并且他们起到的作用比土木工程师要大得多，甚至城市规划历史的前半段几乎都是由建筑师书写的，直到今天他们也是规划领域的重要组成部分。简单来看，城市可以视作建筑群（当然绝不是单纯的建筑群），早期建筑师对城市的选址，用地的安排，建筑的空间关系等最基本的城市规划问题进行了探索。其中最有名的建筑师是法国人勒·柯布西耶和他的《光辉城市》，凯文·林奇和卡米洛·西特的城市设计理论。1933 年，城市规划的第一个重要文件《雅典宪章》就几乎都是由建筑师们完成的。建筑师们擅长在图纸上描绘和思考城市，对于城市规划的基本技术起到重要奠基作用，然后由于过于强调物质空间和形式美学，陷入建筑学的思维惯性，而忽略了城市的一些本质问题。城市规划史上的一些重大错误，也大都是建筑师们犯下的，比如城市美化运动、功能分区理论、各种理想化的城市模型（光辉城市、广亩城市）等。

第三群人：社会学家和社会活动家。这一群人几乎都是以批判的眼光来重新审视当时的城市规划问题，他们不再受图纸的约束。其中最有名的有芬兰的学者沙里宁在 1942 年提出的有机疏散理论，美国学者刘易斯·芒福德在《城市发展史》中追问了城市的本质。记者出身的简·雅各布斯在 1961 年出版的《美国大城市的死与生》中，开始批判现代城市规划，倡导恢复传统社区。城市规划的创始人埃比尼泽·霍华德更是探索了通过城市空间改造实现社会主义理想的可能。

第四群人：地理学、经济学和管理学者。除了物质空间和社会空间的讨论以外，近当代的城市规划研究开始关注城市作为经济地理元素的特点和规律。地理学和经济管理方面的学者开始大规模介入城市发展的讨论，城市成为经营的对象。其中比较有名的有阿隆索在 1964 年提出的竞租理论，佩罗提出的增长极理论，约翰·弗里德曼的"世界城市"理论和彼得·霍尔的创新城市理论等。

《城市读本》中文版和英文版

随着城市规划的内容日趋复杂，会有越来越多的不同专业介入这个学科的发展，这也是必然的趋势，比如当代的信息技术和计算技术的迅猛发展已经在深刻影响着这一学科的发展了。城市规划专业有一本重要的文集《城市读本》（*City Reader*）[1]，书中摘录了历史上几乎所有对城市规划发展起到重要作用的人的主要论述著作，在数十位作者中，纯粹的城市规划师或者城市规划学者非常少。

1 "City Reader" 中文版为《城市读本》，是城市规划学术界最重要的文摘读本，几乎涵盖城市规划历史发展中所有重要人物的文献观点精选。被选作者，几乎大部分并非专业的城市规划师或者是建筑师，而是来自各个领域，他们共同推进了城市规划发展的历史。

5. 规划师一面被绑住手脚，另一面要绑别人的手脚

规划师在进行城市规划工作的过程中一大痛苦就是总是被各种条件捆缚住手脚，左也不是，右也不是，处处为难。而另一大痛苦是，要绞尽脑汁制定各种规则去捆缚别人的手脚，有理、有据、有节。

虽然建筑师在设计建筑方案时，也会受到各种设计条件的约束，比如地理环境，工程地质，造价预算，设计风格要求等。但是，总的来说，相对城市规划师所面临的约束条件，要单纯地多，所以建筑师总能有机会尽情挥洒个人的创意。为什么会这样呢？第一，规划师面对的是一个复杂系统，城市规划牵涉的规划设计元素天然要比建筑师复杂得多，之间的相互制约关

系就更加复杂。第二，规划师面对的是未来不同时期
可能的挑战，需要对外部环境在规划年限内的各种可
能做出判断，所以这种约束在时间轴上是多层次的。
第三，规划师面对的"客户"常常是全体公众的利益
与价值诉求，而建筑师的"客户"一般就是单纯的个
人或者单位机构。

建筑师的设计最终都是面向结果的，而规划师不但要
面向结果，还要同时面向过程。规划师不但是游戏的
直接参与者，还是下一场游戏的制定者。在之前的文
章中提到了一种特定的规划即"控制性详细规划"，
就是这样的一种典型的规则制定性的规划。规划师在
这种规划的成果中，并不直接得出详细的结果，而是
为建筑师、制定修建性详细规划方案的规划师等具体
参与详细设计的人员编制设计条件，通过这些边界条
件来实现对规划目标的控制。也就是所谓，还要去捆

绑住别人的手脚。这是城市规划师与建筑师的一个最大不同之处，也同时是规划师最大责任之一。在之前的文章中，我也提到制定规则的难度通常要远远大于直接设计的难度。

一面被绑住手脚，另一面要绑住别人的手脚是这个特定专业的天然两大为难，优秀的规划师就是在这种夹缝中寻找出制胜之道的。

6. 城市规划师的多重身份与职业道德

城市规划师固然是一个职业种类的名称，但是与其他一般职业，比如工人、医生、律师、教师等相比，这个职业名称对应着若干不同的具体职业，他们在城市规划过程中所扮演的角色和地位截然不同，而且常常被普通民众混淆和误解。

一般来说，城市规划师可以分为四个类型，各自有不同的职业追求和相应的职业道德。

第一，政府部门的规划师。他们有一部分是担任政府行政管理职责的国家公务人员，另一部分是政府机构中的专业技术人员，负责技术沟通和衔接。这一群人是最接近规划决策的，或者自身就是决策者，是保证政府在城市规划体系运作的最重要的中坚力量。比如住建部、地方政府及下属规划部门的公务人员和技术人员。

第二，规划编制部门的规划师。他们主要是负责编制经法定程序批准后可以操作的城市规划成果，主要角色是专业技术人员和专家。这是我们最一般意义上的城市规划师从业团队，他们负责在技术上完成各类规划成果。比如各地规划设计院和商业咨询机构。

第三，研究机构的规划师。他们有两大职责：一是作为中立机构，代表社会良心，以专业技术人员和专家身份，对规划工作提出合理建议和监督；二是作为社会的规划技术储备，对于城市和规划进行研究积累，为未来提升规划技术水平做贡献。比如，高校和各类研究机构。

第四，私人部门的规划师。他们是特定利益集团的代言人，他们利用自己的专业技术对于专业问题进行解读和分析，为各自的服务对象谋求最大化的利益。比如，房地产开发和投资的技术人员。但这绝不意味着，他们对于公共利益就无所作为或者置若罔闻。

不同的角色对应不同的职责，虽然有时候会"各为其主"，但是都有作为规划师的基本道德底线，而且角色在特定条件下也会发生微妙的转变。所谓"君子有所为而有所不为"，无论哪一种城市规划师，都是面对社会和民众的重大利益取舍的，都有维护社会公平公正的职责，保证在技术上和政策上的合理，不屈从于任何利益集团，恪守和坚持的是各自的职业道德底线。

7. 城市规划学习的困难在于很难被还原成一个知识体系

城市规划学习的一大问题就是很难把这样一个学科还原成一个完整的知识体系，这不仅仅是因为它所需知识的庞杂，更主要是因为它本质就不是一个知识体系而是一种综合处理现实的实践能力。对于学习而言，就是这种能力实现的各种方法，所学到的相关知识是这些方法的外延材料。

所以城市规划相关需要学习的知识往往非常多而杂。一个简单有趣的例子是，我所在的上海同济大学研究生院招生办公室，在各个硕士研究生考试的官方招生简章中，绝大部分专业的专业课考试都有 1~2 本明确的参考教材，唯有城市规划专业写的是相关的所有本科生教材，大约有十多门之多。实际城市规划设计的知识，还要远远多于这些。随着现代城市的不断发展，涉及的知识还在进一步快速增长。西方高校的城市规划学科设置，由于高校强调分工，甚至不设立城市规划本科教育，而只设置研究生以上专业，所招学生是来自各个其他专业，这些专业之间也千差万别，城市规划专业俨然是一个天生的多学科应用专业。

但是再多的相关专业知识被有机组合起来，也构不成城市规划专业的核心。城市规划专业的核心是综合解决城市发展问题的应用能力，而构成这种能力的最重要的基础不是画图设计能力，而是对于城市的理解能力。当然这种对于城市的理解能力，很大程度上取决于个人年龄阅历和各类城市的生活阅历，这一部分在学校一般无法完成，要交给时间和机遇，除此以外的部分才是学校需要进行教育的部分。比如在入门时,"城市认识"这样的导论性课程就显得格外重要,帮助学生形成基本的城市规划观点。又比如"城市发展史"和"城市规划史纲"这样的理论课程,能够给出系统的逻辑,帮助学生形成城市发展和规划思想发展的脉络。再比如,这个学科教育的重要组成部分是规划实践,让理论知识和眼前的现实纠葛联系起来。

当然,城市规划是非常复杂的,培养一个优秀合格的城市规划师是非常难得的。就连涉及的相关知识要大致掌握相当一部分也是很困难的。很可能有很大一部分的学生,最终也无法达到这样的标准,也只能做一些基础的辅助的工作。好的规划师是要运筹帷幄、决胜千里,又要决胜当下的,是一个典型的稀缺资源。就好像开再多的 MBA 培训班,真正的企业家也还是极其缺乏的。

8．城市规划师在一定程度上必须是全才

我在许多场合国内或国际会议上，发表过一个观点就是，城市规划师是一个相对特殊的职业，在一定程度上必须是一个全才。国内的许多同行是基本认同的，然而国外的朋友包括长时间在西方教育成长起来的朋友，表示出极大的不理解。

在之前的文章中，就有提到城市规划专业的核心是综合解决城市发展问题的应用能力。问题就出在"综合"二字。一方面说，城市规划专业所需要和涉及的知识和技能大部分来自于这个学科的外部，而且非常庞杂，一般包括：建筑学、美术、社会学、经济学、管理学、统计学、信息技术、地理学、环境科学、各类市政与土木工程，甚至是政治学、伦理学、历史学和心理学。

而且随着时代发展和进步，相关知识的范畴还会不断扩大。另一方面，在涉及如此之多的相关专业的基础上，还需要综合运用这些知识和技能，将其融入具体的城市实践中去。这就需要很高的专业要求，这也是城市规划师需要所谓"全才"的基本原因。

为什么不能用多学科分工来解决这个问题呢？西方的教育和西方的咨询公司基本上就使用高度分工协作的方式来处理这个问题的。这是一个很好的解决方法，而且再伟大的天才，也不可能面面俱到，就算是面面俱到在某些专业领域也很难深入，所以分工协作几乎是不可避免的。但是，城市规划需要有综合各类元素的能力，这种能力是任何一个单独的专业不能代替的，而且这一能力的基础是对于相关专业的认知。一个具有综合能力的全才是不能被一群分工后的团队所替代的，当然反之亦然。全才并不否定分工协作。也就是说，城市规划的这种综合效应，是无法被简单切割后粗糙的拼贴在一起的。哪怕是在分工协作中，如果对对方的专业一无所知，也是很可怕的，也不会存在协作的基础。

是否只有少数天才才能掌握如此之多的知识和技能，并且还能综合运用，才能成为合格的城市规划师呢？城市规划对于要有如此大知识和技能广度的要求，确实非常难能可贵，一个合格优秀的城市规划师本来就是稀缺资源。但是这不等于，这就是极少数天才的专利。因为，虽然设计的专业广度很大，但不必要都有很深的深度，有所了解、形成基本的概念并不是非常困难的事情。但是，一旦有了这样的广度，哪怕是粗浅的入门，依然能发挥出很大的综合把控效应。实践证明，具有这样能力的城市规划师并不是少数的天才，而是大量存在的客观。

国内城市规划专业的学生一般都要学习5年，专业课程涉及面也非常广，西方高校的一般做法是不设立本科专业，研究生以后再设立这个专业，由不同专业的学生来报考。西方教育下的城市规划师，一般都很习惯于高度分工的教育和综合配合的方式，同时他们国内的规划实践的现实压力没有中国国内严峻，再加之全才教育对于个人的学习压力要大很多，导致他们几乎很难接受全才教育。国内教育有许多现实的压力，国内的规划专业学生也习惯于相对高压的学习方式，全才教育在中国国内成为一种可能。

史蒂夫·乔布斯（Steven Jobs）一直在强调技术与艺术的十字路口，我个人觉得苹果产品的核心主要还是技术，艺术是一个辅助的作用。城市规划专业倒是一个典型的站在技术和艺术的十字路口的专业，甚至还要包括更加厚重的社会阅历和人文关怀。这是典型的既不属于文科或艺术专业，也不属于理工科的专业。

城市规划专业几乎天生就要求来学习的人在一定程度上必须是一个"全才"。有一个好的比喻就是医生，这也是一个几乎天生要求具有一定"全才"特性的职业。一方面，现代医学的分工越来越细，但另一方面，现代医学的理论和临床实践教育，都要求全科教育，医学专业也是要求有比较多年份的学习。这是因为人的身体上的疾病往往都是综合性的，任何一位专科医生不可能对这个专科以外的事务完全一无所知来诊断疾病，更何况还有很多专门的全科医生。所以，同样的道理，城市是一个复杂综合体，这是决定城市规划师成为"全才"的根本原因。

第三章　在历史面前

1. 霍华德"田园城市"的价值不在于其形式

1898 年，英国人埃比尼泽·霍华德出版了一本名为《明日：一条通往真正改革的和平道路》的书，提出建设新型城市的方案，这本薄薄的小册子的出现标志着现代城市规划学科的诞生，其本人也被认为是现代城市规划之父。四年后的 1902 年修订再版，更名为《明日的田园城市》。

霍华德其人其书是几乎每一个学习城市规划专业的人都如雷贯耳的，理想的田园城市的布局示意图更加是"眼熟能详"。但是很少有人知道，《明日的田园城市》是四年后被更名的，原名是《明日：一条通往真正改革的和平道路》。这一修改把全书最重要的精神内核给剔除了，只留下形式上的技术成分，也就是现在给人印象最深的围绕那张"田园城市"的理念示意图的布局技术分析。

这样就带来了两个问题。其一，就是简单化地想把理想化的模型搬进现实中。霍华德本人及其后人就曾经经营公司，想建立这样的城市，最后惨淡收场，世上又多了一个破碎的乌托邦泡沫。更有后来人，在这张理想的图谱基础上演绎了无数的新版本，妄图用一张图纸建立一座理想城，这在二次世界大战后的新城建设期达到高潮，这实在是太低估了一个城市的复杂程度。几乎所有伟大的理论，如果具象地去接受都会得出可笑和悲惨的现实果实，这是非常典型的"幼稚病"。无论是马克思的共产主义理论还是先秦诸子的思想，他们书中都有许多荒诞不现实的成分，搬进现实往往就是灾难，这不等于这些成分是错误和有害的，只是理论演绎的一种抽象。所以，应该抽象地理解其核心价值和核心逻辑。

其二，霍华德基于城市空间规划和改造，最终实现社会改良的社会主义理想被剔除干净了。也就是说，城市规划是手段，实现更高的社会理想才是目的。和大多数学科的创造之父一样，霍华德最初没有想开启一

■ 埃比尼泽·霍华德

个专业学科，而是有强烈地改造当时社会现状的壮志。他所处的时代是英国资本主义初期，大量的社会不公和环境问题在折磨着这个国家的底层人民。一个类似的例子是，苏格兰格拉斯哥大学的校长亚当·斯密（Adam Smith）是一位伦理学家，一直在思考金钱对于道德的影响和相互关系，无意间写就伟大的著作《国富论》，开启了当代一门显学——经济学，他本人成为经济学之父。但是最初的道德关怀很少被后来者提及。霍华德的书，被后来的出版商有意识地剔除社会主义理想的部分，是由于妥协于当时对这种激进思想的压制。

霍华德的"田园城市"思想的价值不在于其具体的形式安排，而在于给出了一种可以通过城市规划手段实现某种推进社会改良的可能性。作为城市规划之父，他是当之无愧的。当代城市规划师在进行规划实践中，也同样不仅仅是解决具体的空间形式安排，这只是一种手段，最终目的仍然是推进某种社会改良，比如保护珍贵的人类遗产、维护社会群体的公平、消弭社会阶级矛盾等。

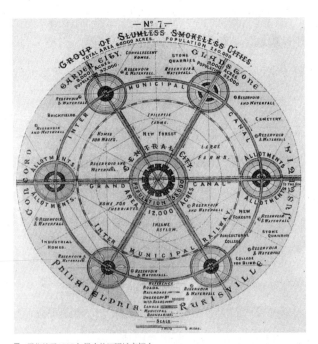

■ 霍华德于1902年提出的田园城市概念

2. 城市的出现就是文明的诞生

在人类文明的历史上，城市的出现是具有跨时代意义的。它的出现绝不仅仅是人类寻找到一个可以保护自己和进行商品交易的场所，即城市有别于乡村的两个基本功能"防御"和"贸易"。

首先说，为什么"建城"就是"建国"？人类首先是原始人，然后相同血缘的人组成"氏族"，不同的"氏族"组成"部族"（或者叫"部落"，一般是有泛血缘关系的，没有血缘关系就得联姻）。不同的部族联合起来，要形成一个更为广泛的没有血缘关系的社会集体时，就要建立起一个新的公共关系。这种关系就是"公民"关系（在人类文明之初，其实更多是"臣民"关系），面对一个新的认同集体不再是族群或者部落，而是"国家"。在希腊文中，"公民"就是"城邦之人"的意思。在甲骨文和金文的汉字中，"国"即"城"的概念就更加明显，"国"就是"口"加上"或"，"口"就是城墙，是势力范围，"或"就是人拿着"戈"，即武器保护自己。知道了为什么要有城市，就知道了为什么要有国家。当时国家比较小的时候，就是一个城为一个国，就是"城邦"，比如希腊城邦。当国家比较大时，就是以中心城市为核心的城市群，叫"领土"国家。

事实上，城市的诞生就是国家的诞生；国家的诞生就是有了被记录的历史的出现；有了历史的记录，就是"史后文明"，否则叫"史前文明"，也就是我们一般意义上的现代人类文明的诞生。

中国古代，北方的游牧民族没有城市，其实就没有国家，所以只有部落。当他们南侵进城以后，才开始建国，才开始有文字，才开始记录历史。西方世界，大体也有这样的规律。但是为什么非要进了城，才会想起来要文字，才会有文明呢？难道在城外的人就只有野蛮的份？

首先，进城是为了团结在一起，保护自己，有安全感，这是很自然的事情，因为乡村不够安全。接着，进了城以后是不能种地，也不能打鱼，更不能放牧，城市的经济必须依靠乡村。那么，城里的人都干什么？不能总是不劳而获，成天剥削农民的粮食吧。城市开始有了脱离农业生产的劳动，开始有了分工（不像以前都是挥锄头种地，大家没什么两样）。有了分工，就开始有了贸易，因为铁匠必须把做好的铁器卖掉换成食物和别的生活必需品。那么"市场"就产生了。"城市"，前半部分是"城"，保护和防御用的；后半部分是"市"，就是市场是用来交易的。总之，有了城市以后，生活就变得复杂和丰富多彩，就需要有领导者管理，有交流使用的文字，有专门擅于思考的学者等等。文明的脚步就开始越走越远。

所以，城市是人类文明的界碑。

3. 城市发展的生死兴衰是历史发展的必然

古希腊伟大的历史学家希罗多德说，"我会一面走，一面向你讲述小城市与大城市的故事。有多少曾经的大城市变成了如今的小城市；又有多少我们有生之年成长起来的大城市，在过去是那么的微不足道。"

曾经伟大的城市甚至是世界的中心现在不知所踪或者雄风不再逐渐被边缘化，如汉唐的都城长安和洛阳、商业中心扬州和泉州、罗马共和国及帝国时期的罗马、耶路撒冷、雅典、麦地那、巴格达、君士坦丁堡（伊斯坦布尔）。也有一些城市，历经风霜仍宝刀不老，如北京、南京、苏州、杭州、巴黎、伦敦。更有一些城市，是后起之秀占据了现代世界的中心，如东京、上海、纽约、新加坡、中国香港。 罗马帝国最强盛的时候，伦敦、巴黎无非是边陲小镇；杜牧腰缠万贯下扬州时，上海、香港不过是小渔村。是的，这就是历史中真实的城市，每天都在上演生死兴衰，始终处于不断变化之中。变化的过程可能是春风细雨，也可能是暴风骤雨。

作为城市规划师的我们，不正是面对着这样历史进程中的城市吗？但是我们又往往忽略掉我们所正处在的

庞贝城[1]
1 庞贝（拉丁文：Pompeii），于公元79年8月24日被维苏威火山爆发时的火山灰覆盖。

历史阶段，在历史长河中的我们会被眼前短小的现实所蒙蔽，这就是所谓的历史局限性吧。当我们忘记城市的历史的时候，我们就会看不清它的未来。

我们正处于中国的快速城市化的阶段，这也只是一个历史阶段，这个阶段会有多长，会变得怎样，说不好。确定的事情是，这肯定只是一个阶段，普希金说，"一切都是瞬间，一切终将过去。"但是在这个阶段待的时间太长的规划师会忘记这一点，把某一特定历史阶段的规律看作发展的一般规律就出问题了。

规划师的责任是帮助他所规划的每一个城市更好地完成城市的历史使命，如萧何营建长安、罗马人修筑罗马城。这一切的前提是要站在高处看清楚漂到了历史长河的何处，这在大部分情况下都是需要很高的智慧和眼光的。

4. 城市规划思想史发展的前卫与复古

城市规划思想发展到近几十年，提出的一些所谓最前卫的理念，被许多人拿出来引用和膜拜时，我常常觉得好笑。所谓的前卫，骨子里却是地地道道的复古，这是一个非常有趣的现象。

比如"新都市主义"[1]。1993年，一群世界顶级的规划师、建筑师和学者们在美国召开会议，针对现代城市的各种问题，提出了一整套崭新的理念，即"新都市主义"。其核心理念参考以下摘自《新都市主义宪章》的这段话：

"我们赞同对政府政策和开发项目进行调整，以

[1] 新都市主义是20世纪90年代初针对郊区无序蔓延带来的城市问题而形成的一个新的城市规划及设计理论。主张借鉴二战前美国小城镇和城镇规划优秀传统，塑造具有城镇生活氛围、紧凑的社区，取代郊区蔓延的发展模式。

支持下述理念：邻里的功能和人口结构应是多样化的；社区设计应该将行人、公共交通视为与私人汽车同等重要；城市与城镇应具有实体的边界，而且其公共空间和社区会所应该通达无碍；都市地区的建筑及景观设计，应彰显当地的历史、气候、生态和建筑经验。"

看看，这哪里是什么"新都市"，分明就是要回到过去的"老城市"。

又比如"新都市主义"中重要的内容，也是现在几乎所有的规划都愿意提到的理念就是 TOD（Transit Oriented Development）理念，即公交引导城市发展。这并不是什么新鲜东西，1882 年，西班牙工程师索里亚·玛塔就提出过串珠式的线形城市，当时铁路交通大发展的时代，欧洲的许多小城镇就是沿着铁路发展起来的，这一直影响到今天。当今的 TOD 往往指的是在城市轨道交通的站点进行集中的开发，来减少小汽车的使用。区别是，当时没有小汽车只能坐火车，现在是小汽车太多太拥挤，又回到了轨道交通。

为什么会绕了一大圈又回到原点了呢？道理很简单，是因为现代化的负担。科学技术发展到转基因食品的时代了，人们却开始怀念不打农药的、自家种的有机蔬菜了。原来最寻常的东西反而成为最时尚的奢侈了。用低碳和可持续发展的角度来评价，现在几乎所有的大城市都是不合格的，而几乎所有的古代城市都是完美的。当代城市的城市病几乎都来自于现代化的副作用，因为过度依赖科技的便捷，忽视了城市生存和发展的最基本规律，现在不得已要开始走回头路了。这就是当代城市规划最前卫的理念的本质。

天下本无事，庸人自扰之。

5．农村的兴衰取决于城市的发展水平

一般认为，城市的产生是由于农村的剩余商品需要交换产生的，城市后来的存在也是依靠着城外广袤的农村地区的物质支持，也就是说农业是工商业的基础。但是简·雅各布斯夫人在她的《城市经济》一书，却坚持认为城市先于农村出现，城市决定农村的发展，同时给出了许多考古学、社会学和经济学的论据。

农村与城市孰先孰后的问题，一直还都是有争论的，至少肯定不是想当然的农村先于城市的关系。但是有一点是可以肯定的，农村绝不仅仅是一个封闭的自给自足的自然产物，而是高度依赖于城市的一种存在形式，农村是围绕城市发展起来的。

亚当·斯密在他 1775 年的巨著《国富论》[1] 中，观察
到了他当时的城市与农村的关系，他写道，最为发达
的农业国也一定是工商业高度发展的国家，最彻底的

A N

I N Q U I R Y

INTO THE

Nature and Causes

OF THE

WEALTH OF NATIONS.

By ADAM SMITH, LL.D. and F.R.S.
Formerly Professor of Moral Philosophy in the University of Glasgow.

IN TWO VOLUMES.
VOL. I.

LONDON:
PRINTED FOR W. STRAHAN; AND T. CADELL, IN THE STRAND.
MDCCLXXVI.

农业国，农业一定最糟糕。为了说明这点，他将农业国家波兰和与工商业国家英国进行了对比。两代人之后的卡尔·马克思也接受了他的说法。数代人之后的我们，也观察到了相同的结论。今天的美国是世界上农业和工业第一发达的国家，而最彻底的农业国家如越南、不丹等都是农业发展最落后的国家。

为什么会这样呢？可归结为两大原因。

第一，城市是最大的消费市场，农产品只有依赖城市才有价值。农民只有将剩余的农产品，运进城市进行交易，才会有价值，才会交换到其他产品，才会有物质生活的提高。城市经济越发达，农产品的相对价格

国富论

1 《国富论》（*The Wealth of Nations*），全名为《国民财富的性质和原因的研究》（An Inquiry into the Nature and Causes of the Wealth of Nations），苏格兰经济学家暨哲学家亚当·斯密的一本经济学专著，其首份中文译本是出自翻译家严复的《原富》。

也会越高。

第二，城市是新技术的源泉，农业技术的进步几乎完全依靠城市。不仅仅是近代的农业进步与城市的科技及工业进步直接相关。几乎人类历史上的每一次农业革命都与城市相关。公元前 5 世纪，中国东周时期冶炼铁器的技术发明与进步导致了农业技术的革命。欧洲 11 ~ 12 世纪，轮作耕种的方法最早出现在城市周边，最早的风车磨坊也出现在城市周边，这直接导致今天欧洲人饮食文化的改变。

第四章　两难的现实

1. 人的活动是城市中最重要的景观

最早和最狭义的城市设计就是城市的景观设计，美是非常重要的，是城市作为生存保护、经济活动等功能性作用以外我们最关心的直接作用了。毕竟没有人能拒绝美的事物，更何况是我们生存环境的美观。于是，大量的设计理论就开始关注于空间的关系、绿化的布置、建筑的风格色彩等。

在这些理论的指导之下，现在无数的新城、新区的美好景观就这样被精心地设计和建造出来了。可是这样的环境久居其中，却往往没有达到我们最初的期望和设计师所宣称的效果。国内有些地方甚至100%地拷贝了欧洲的某个美丽的小镇，但是感觉还是出不来。为什么呢？

我们在个人的记忆中，在某些文学艺术作品中怀念或者欣赏某个城市局部的美景，固然可以还原这一场景的空间美学合理性，但是真正打动人的部分却不在那里。和所有的艺术作品的美感一样，打动人的是内容背后的文化体验。而这种文化体验的基础主要不是空间环境，而是在这样的空间环境下的人的活动。人才是城市景观的核心，这是与自然景观的最大区别，毕竟城市是人造的环境。

如果法国的塞纳河两岸没有悠闲的流浪者和嬉戏的孩童，如果北京的琉璃厂没有嘈杂走动的光顾者，如果尼斯的海滩边没有晒太阳的人，如果上海悠长的里弄中没有老奶奶的煤球炉和骑自行车带孩子回家的父亲，伦敦的街头没有流浪艺人和他们的狗，那么这些城市的景观都不构成其打动人的景观。

在进行城市景观设计时，不仅仅要考虑空间的集合安排，更要考虑环境如何吸引和引导人的活动。巴黎改造时建造路灯和长椅，造就了许多浪漫的故事和回忆；设计宽阔安全的人行道，会吸引玩耍的孩子和路边的咖啡屋；社区周边的公园绿化和跑道会吸引晨跑的人们和锻炼的老人。总之，所有的空间都是为人设计和服务的，规划师有义务去引导最和谐的人的活动，因为人的活动才是城市景观美的核心。

2. 城市规划的设计标准与指标体系的意义

记得曾经一位大学老师在上课的时候，突然很富有哲理地说马克思曾经说过要把研究变成科学就一定要数字化，让数学公式来描述它。这个听上去有一点点科学唯物主义的味道，其实这恰恰是马克思从最初就反对的机械唯物主义的观点。说这番话的就是机械唯物主义的代表人物数学家拉普拉斯（Démon de Laplace）。机械唯物主义盛行的时代，正是数学和物理学盛行和大发展的时代，这个时代对于数字有一种莫名的信任和膜拜，这样的风潮一直到我们这个时代有过之而无不及。

之前的文章已经说过城市规划从骨子里就不是一种科

学，但是在我们这个时代，这个学科和其他学科一样
还是试图把自己装扮得更科学一些的，之后又把科学
化简化为数字化，数字化再简化为公式化、模型化。
只有这样说出来才可信，心里才有底，才可以和其他
学科同堂共语。

于是在城市规划研究的领域，就有大量经济、地理等
的数学模型被发明出来。在研究生的论文和国家自然
科学基金的申报里，更加是没有此君就不能被称其为
研究，都不好意思拿出来。当然科学和技术的手段对
于现代城市规划学科的关键重要性还是不能磨灭的，
各类模型对于认知城市的本质也大有帮助。问题在于
这个学科本身的特性，以及过度强调数字量化。终极
的成果是类似工程设计标准的城市规划自身的规划设
计指标体系和统一设计标准。

首先说为什么城市规划研究比较难用模型解释。第一，数据得来不易。城市相关的数据几乎涵盖所有领域，获得数据的成本几乎是天文数字，且一旦错过时间节点又是难以修补的，我国的公共基础数据平台与欧美国家的差距也非常大。第二，城市规划主要是社会现象而不是客观的物理现象。城市之间又千差万别，差异多于共性，比较难总结成确定的规律。第三，模型大都不成熟。模型是规律的高度抽象，这本身是有很大难度的，是要舍弃很多次要信息，再加之之前的两个原因，导致现在有关城市规划研究的模型成熟且适用范围广的很少，大都还是在研究讨论阶段。第四，对于数据的解释，不同模型差异很大。城市的问题本质上就是复杂的，对于同一组的数据的解释，不同模型的观点往往差异非常大。

再说为什么城市规划设计中的指标体系和设计标准难

以确定和不必拘泥。所有的指标体系和设计标准的来源是来自于上述的模型研究或者经验总结，所以其准确性大都还是有很大讨论余地的。我国的设计标准有相当一部分编制时间比较久远，虽然近年也有很多在修订，但我国地域差别巨大，指标还是应该以规划师对于当地的把握为主。

总之，所有的指标体系和设计标准，就是放在规划师口袋里面的尺子和圆规，是规划师的工具，但规划师本身不能被工具所挟持。规划师更加应该掌控各个指标和各类元素的综合效应，不应拘泥在某个细节指标之上。

3. 城市发展战略不等于一个简单的愿景

城市规划有关城市未来发展战略的内容总是最让政治领导们感兴趣和兴奋的部分。规划作为对于未来的期望和把握，人们总是可以把最美好的愿景置于发展战略之中，同时也是政治领导人最愿意与大众宣扬的部分。战略总是伴随美好的愿景，美好的愿景又总是与诸如："必然大发展"、"宏大局面"、"低碳环保"、"全面改善"、"全面提高"等相伴，基本上都是言辞灼灼，信心满满。许多雄心勃勃的规划师喜欢做战略规划，但是他们不知道战略规划几乎是城市规划内容中最艰难的部分，是大部分规划师不容易把握的。

从本质上讲战略规划是对城市系统发展在逻辑上施加重大的、根本性的有影响力的策略。城市是按一定客观逻辑发展的，规划师在掌握这种规律的基础上，试图改变其中一些关键因素来达到对未来发展方向的控制，这方面的规划就可以称为战略规划。

首先是战略一定是关乎最核心的价值观和核心利益的重大城市问题。核心的价值观是城市全体成员共同守护的，是战略的基本出发点。比如，对于保护环境，保护历史文化遗产，尊重弱势群体等。城市的核心利益，是战略规划主要面对的问题，比如城市的经济发展需求、与周边城市产业的竞合等。

其次，战略是引领城市规划其他部分的龙头，所有具体的策略安排在时间上和空间上都要服从总的战略。战略是"纲"，具体的策略都是"目"，纲举目张。所以，需要规划师有着对于其他许多具体部分的熟悉和掌控能力。比如，战略往往涉及诸如重大基础设施（如交通、市政设施等）、自然地理选址（如风向、水源、地震断裂带等），现今更多是非设施性的重大政策（如人口政策、税收政策、车辆政策等），这些都是影响一个城市基本格局和基本发展逻辑的关键因素。在这些因素被确定的基础上，其他具体的行动才得以布置和实现。

再次，战略是影响深远的，无论或好或坏的影响都难以改变，常常是处于两难境地。因为战略是改变原有的逻辑走向，新的发展逻辑被建立起来会产生一系列可预知和不可预知的多米诺骨牌效应。正因为都是重大要素和问题，这些或好或坏的影响常常是难以变更的，这也让规划师在处理这些重大战略问题时，一直都处于进退两难的境地。

最后，战略应该有很强的可实施性。战略规划也是有年限限制的，无论是数十年还是上百年，是要考虑我们可预见的有具体时长的未来的。同时，战略无论涉及多么宽泛的概念和领域，最终还是要落在具体的实现上。所以，战略的可实施性就显得非常重要，否则战略就是大而无当、空中楼阁了。战略的实施需要一系列具体的战略行动加以保障。战略的可实施性是战略规划的价值所在，也是战略规划的艰难之体现，即如何把务虚的理念结构化为一个可操作的行动。

总之，战略规划是对一位优秀规划师全面素质的考验。好的战略规划一定是基于规划师对这个城市的最深刻的理解和最老道的判断，往往需要时间和阅历的积累。

4. 城市规划的决策失误往往具有灾难性，且很难弥补

之前的文章谈到，城市规划师与建筑师的一大不同是，规划师要承担更大的风险和责任。因为建筑师一般面对的对象是单体建筑，至多也就是建筑群落，如果有失误或者设计的美学不足，一般也就是一时一地的错误，大不了可以拆了重建而已。但规划师可不一样了，一旦有错误，往往具有全局性的灾难性，而且事后弥补，只能是杯水车薪或者彻底无可救药。更重要的，建筑的设计错误往往在使用一段时间后，或者在建设过程中就很容易体现出来，而城市规划的错误具有隐蔽性，要过相当长一段时间才体现出来。

一般来说，城市规划的失误体现在以下三个方面。

时间上的失误。城市规划战略的一项重要任务就是在时间轴上做出重大行动的判断，一旦错过一个关键性时间，可能就会失去一个重要机会，之后再也不能重来。这个关键性时间段，我们一般称为时间窗口，一定要赶在这个窗口开窗的时候完成某项活动。举个例子，北京市的发展是先建设完以环线为代表的快速路系统，而后开始大规模建设地铁系统的，这里就有一个时间窗口，让市民先习惯于开车，而后再转到公交就非常困难了，这是顺序上的战略错误。再比如，上海私家车牌照拍卖政策是 1980 年代开始的，也就是私人小汽车井喷发展之前就开始的，非常有效地控制住了小汽车数量的快速增长。而北京的牌照摇号政策是近些年才开始的，机动车保有量早已经超过 500 万台了，此时的政策就显得杯水车薪了，这就是错过了关键性的时间窗口，最好的时机一去不复返了。

空间上的失误。城市规划在重大空间安排上的失误，一定是灾难性的，比如水源地的选择，是否位于地震断裂带，城市空间的基本布局结构等。一旦形成几乎难以变更。举个例子，汶川大地震就因为这些城镇都位于重要的地震断裂带上而不自知，这需要在城市最初选址时就尽可能避免，一旦建成就很难搬迁了。

重大设施安排上的失误。一些重大基础设施建设的安排如有失误，也是灾难性的和难以变更的，如地铁、城市地下给水排水系统、主干路网系统、防灾和避难系统等。举个例子，上海地铁线路在向外延伸的过程中，发现出现"跳站"现象，即在早晚高峰行驶到中间站，人流已经过于拥挤而导致中间站点无法上客。国外发达城市一般做法是采用复线系统，做超车道，但是此时，由于上海的地铁系统已经施工完毕，地下空间已经很难再增加超车道了。这一类失误，往往也是要等到一定年限后才会体现出来。

所以规划师的工作不但责任重大，而且难度极高，这
是这一行业的困难所在。

5．大规划的魅惑与小而灵活的规划

有一本有趣的书叫《大规划——城市设计的魅惑和荒

诞》[1]，作者是美国人肯尼思·科尔森，书中回顾和分

析了各种大规划的魅惑与荒诞。这当然是由于，人

们对城市的美好愿景，比如最极端有类似科幻世界

色彩的手绘城市。本质上，还是过于强调了城市的

物质化空间，忽略了社会性的复杂问题，这也是一种常见的"幼稚病"。由于受到刘易斯·芒福

《大规划——城市设计的魅惑
　　和荒诞》
[1]这本著作是以最有趣地笔触
　讽刺了大规划和形式美学的
　城市设计。

德、简·雅各布斯和约翰·布林克霍夫·杰克逊（John Brinckerhoff Jackson）等建筑及城市评论家的激励，书中科尔森通过使用者的角度来讨论城市设计问题，突出了社会工程学的失效以及人文精神的适应性。

人们历来都难以抵抗大规划的魅惑，但是我们现在的时代在这一点上却是超过了过往的总和。原因一方面是我们拥有了前所未有的物质积累和技术水平，另一方面是我们正处于快速城市化的快车道上。但是，这"一切都是瞬间，一切终将过去"。现在好比是青春期，是增长最迅速、新陈代谢最快的时候，但这个时期很快会结束的，拥有宏伟蓝图的大规划会不断减少，城市不会一直都发生着剧变。

相对应地，更加一般的是"小而灵活"的规划，才是城市规划的真正主角。简·雅各布斯就主张这种"小

而灵活"的规划（Vital Little Plan），"从追求洪水般
的剧烈变化到追求连续的、逐渐、复杂和精致的变化"。
这本质上是未来规划技术向更加精细化的发展趋势。
"小而灵活"的规划有许多优点。第一，更加精细更
具体。第二，因为小所以灵活，因为灵活所以容易修
正错误。第三，因为渐进持续所以易于保证战略的一
致性和可持续。第四，"小而灵活"的规划更关心人，
更注重使用者的感受。

城市中的历史风貌保护区，就属于典型的需要这种"小
而灵活"的规划的地区。因为这类地区发展的本质是
缓慢渐变的城市更新，需要去抗衡的是外部剧变的环
境。加之，这类地区本身的问题就非常复杂，每一项
变动都很敏感，所以就需要这种精细化的、多次的、
渐进的、小而灵活的规划。随着未来城市逐渐进入到
一个新的成熟稳定时期，渐变成为城市更新的基本形

态时，"小而灵活"的规划就成为真正的主角。

"小而灵活"的规划，是对当代规划的崭新挑战，是对规划技术发展的重大考验。

6. 轨道交通对城市发展意味着什么

150多年前，在英国的伦敦，一群疯狂的土木工程师，为了解决当时的交通拥堵（马车拥堵），提出了一个大胆的想法，就是在地下挖一条隧道（他们叫作"管子"，即英文"tube"），让马蒙住眼睛拉着车厢在里面奔跑。这简直是太疯狂，太可笑了，当时的伦敦人都这么认为。直到1863年1月，从帕丁顿（Paddington）到法灵顿街（Farringdon Street）建起了人类第一条地下城市火车，才让当时的伦敦人感受到了快捷和方便。这种交通方式，后来被称为地铁，英国人仍然叫作"管子"即"tube"，在世界各地被效仿建造。而今天的中国，更加是全世界城市轨道交通建设最多的国家。

这种交通方式，对于一个现代化城市的发展到底意味着什么呢?

首先,当然是解决交通问题。轨道交通是现代城市中解决大运量长距离公共交通出行最有效的方式,每小时的运量在 3 ~ 6 万人,是普通公交的 10 倍以上。当城市建成区人口发展到 300 万人以上时,都会考虑建设轨道交通,因为唯有此法才能解决大规模城市交通出行的问题。

然后,重构城市的基本格局。当一个城市建成一段时间以后,其基本格局就已经确定,一般不会有大的变动。而轨道交通的建设会重新定义城市的时空观,城市的要素会被重新组织在轨道线或网上,而且是大规模快速连通。随着轨道线路的延伸,围绕新的轨道站点新的建成区会出现或改造。总之,随着轨道交通网络的建设,城市格局可能是最后一次被重新大规模改变，对城市未来发展的意义无比深远。如果轨道交通网络的规划和建设有所失误的话，也是难以改变的。

最后，增进了社会的公平和效率。轨道交通提高了整个城市的生活效率是显而易见的，更重要的是又在一定程度上增进了社会公平。轨道交通在空间上最大限度地拉平了不同区域的交通可达性，中低收入人群在不使用私人小汽车的情况下，也能快速移动到他想去的地方。那么，城市公共服务设施，如医院、公园、图书馆、学校、剧院、商业中心等，不至于在空间上只为特定人群服务，让城市社会空间分异的效应最小化。比如说，人们在搬离市中心后，利用轨道交通仍然能方便地使用市中心原来的公共服务设施等，不会出现明显的富人区和穷人区。

总之，轨道交通深刻地影响了当代城市的发展和城市里的人的生活。

7. 控制性详细规划到底是什么

我国的城市规划编制体系，在 1980 年代以前，基本是总规加详规体系，即城市总体规划负责城市的战略和整体布局层面，而详细规划（即修建性详细规划）负责在建筑设计和施工之前，对于具体地块的详细规划设计。这是很容易理解的体系，先总后分，从宏观到微观，世界上大部分国家和地区使用的大致也是这个体系思路。

但是到了 1980 年代末，我国开始借鉴北美大陆及我国港台地区实行的"土地分区规划"（Zoning）方法，在总体规划和修建性详细规划之间增加一项规划任务就是控制性详细规划。既然之前的总规加详规体系已经能解决城市规划的问题了，为什么还要增加控规

呢？其根本原因是，政府无法通过修建性详细规划来
管理土地。因为，修建性详细规划本质上不是管理土
地的方法，是最终的成果。1988 年，上海虹桥经济技
术开发区采用土地批租制度进行土地出让，成功引进
外资，以 2800 万美金出让虹桥开发区第 26 号地块 1.29
万 m^2，50 年的使用权。此时的政府已经没有办法直
接对于该块土地进行详细规划设计了，因为购买土地
者有规划设计权利，但是土地的管理又不能没有。所
以，对于该块土地，完成中国历史上第一个控制性详
细规划。

2007 年，我国最新的《城乡规划法》中规定，土地的
转让、施工建设、变更等都必须遵守控规。这就意味
着，在众多规划编制类型中，控规除了是法定规划外，
而且是唯一具有法律效力的规划，也就是画在图纸上的
法律。在中国的深圳和香港地区的图则制度体现地更加

明显。控规的本质是法律，法律的本质是公共契约，当政府与开发商签订土地转让时，也同时成为他们之间的契约。所以，控规是没有年限这一说法的，也就是说可以是一万年，需要变更就必须重新按照法律的流程变更。

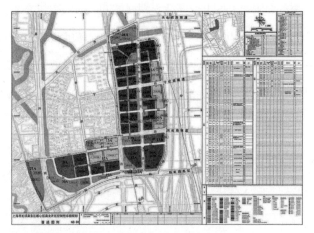

上海虹桥商务区核心区南北片区控制性详细规划 [1]

[1] 上海虹桥商务区核心区南北片区控制性详细规划公示图则成果，用一系列简单的指标，实现政府的规划控制意图。控制性详细规划是唯一具有法律效力的城市规划文本，是画在图纸上的法律。

控制性详细规划形式上土地开发的"官方说明书"，本质上是在图纸上以图则的方式制定开发规则。 与总体规划的宏观、平面、定性不同，控规的内容是微观、立体和定量的指标体系和控制图则。和详细规划面向最终结果不同，控规的特殊性在于对未来有一个大致的愿景，通过一些具体的指标来控制这一愿景的实现。这些指标是有相当灵活性的空间的，这样才能让获得土地的开发商有设计的空间。控制内容主要包括，用地边界、用地性质、建筑高度、建筑密度、容积率、绿化率、道路红线、出入口位置、控制点坐标和标高、管线位置、风貌色彩等。

控制性详细规划是当今政府，最重要的规划。从规划编制费用的角度，控规大致都要占到七成左右，就可见一斑了。更本质地，控规是政府规划管理部门职责的最充分、最主要的体现。管理土地使用，维护公共利益是政府规划管理部门根本职责所在，具体实现这些目标的最主要工具就是控制性详细规划。另一方面，政府的角色主要应该是裁判员，而不应是运动员。制定游戏规则的难度，要比实际参与游戏难得多，这也是初学者常常难以把握控规编制的原因，因为制定游戏规则需要对城市发展规律和利益纠葛在空间上的表现有深刻认识才可以的。

8．市民参与城市规划的过程是必要的吗？

西方民主社会在城市规划的过程中，常常有市民参与的过程介入，这一形式也越来越多地在当今中国的城市规划中出现。对于城市规划这样有明显的政府主导的行为，而且有复杂的专业化程序活动，普通市民的参与是必须和必要的吗？

答案是肯定的。因为以下几个原因。

第一，这是民主社会决定的，市民参与是市民的权利。我们所处的时代是民主共和制度大行其道的时代，我们的国家也是一个民主共和的国家。我们不再是臣民而是公民，对于城市规划这样的准公共事务，普通公民有权利和义务参与，这是再自然不过的事情。

第二，市民是重要的利益相关者。相比其他社会公共事务，城市规划是更加直接与普通公民的切身利益相关的，比如具体到一块地的归属、拆迁和改造，而且往往也是根本性的重大利益。这样重要的利益相关者，怎么能不参与呢？

第三，市民参与可以补充规划师的理性不足。城市规划的过程当然是一个专业化的过程，城市规划师也是专业化的社会精英，对于方案的把握难道普通市民的意见会更加高明吗？哪怕是最优秀的规划师，对于规划对象地块的认识和理解，在理性层面仍然会有不足，而长期生活在当地的市民对于许多实际细节的把握一般要明显清晰，对于规划师的方案评价常常有可行性的正确判断。

第四，市民参与可以加强市民的理解和认同。在以各种形式的与市民交流的过程中,规划师本身不但可以得到理性不足的补充,还能反过来增加市民对于方案的理解和认同,毕竟他们才是规划成果的最大受益人。

第五,市民参与可以保持地区的个性。之前的文章已经提到,一个地区的特色不是某一位伟大规划师作品决定的,而是地方文化即全体成员共同建设的成果。市民参与可以帮助规划师,更好地理解和保持地方的文化特色。

9．历史风貌区一定要被保护吗？

城市中的历史风貌保护区一定要被保护吗？对于这个问题，经常会有两种恰好截然相反的观点。一类人，认为作为文物遗产被保护是毋庸置疑的，不需要讨论。另一类人，认为这并不算什么，还是发展最重要，更何况有些东西在过去其实是再普通不过的东西，不值一提。这两种极端的观点都有道理，也都有问题。

首先，城市中的历史风貌区，是集体的记忆，是文化的沉淀，必须尊重和保护。从根本上说，人是社会的动物，需要满足的不仅仅是物质的温饱 ，社会性本质上就是文化性，而文化性又是历史的结果。所谓的历史风貌，其实就是城市在历史过程中，文化的外在物化，就像服装是个人的文化外在物化一样。保护好有历史感的城市，就是对历史的尊重，对历史的尊重就是对文化的尊重，对文化的尊重就是对我们自己作为人的肯定。而城市中的历史性空间，与一般的文物不同，它还是社会人群的集体历史记忆和文化记忆，更加需要保护。

其次，保护也是有成本的。当然，做什么都是有成本的。经济学最基本最简单的一个道理告诉我，当一件事情成本大于收益就不要去做，也就是两害相权取其轻。城市的历史风貌区保护，也是有成本的，成本一般还很大，如果真的成本大于收益，那就真的不应该做了，没有什么事情真的是不计成本的。当然，成本和收益孰轻孰重，这就是一个需要专业规划师和相关其他专家思考和讨论的难题了。不应该意气用事，不分青红皂白，不惜代价地保护。 保护的成本一般分成直接成本和外部成本。直接成本一般就很高，比如修缮和管理的费用；外部成本就更加难以估量，往往表现为，对于城市改造目标的阻碍，比如地铁道路通不过去，旧区市政消防设施难以跟上等。

最后，保护区的价值判断和保护成本，是在不同历史时期内是大相径庭的。大可不必总是以现在的眼光去批判历史上的人物。有一些保护区的建筑的价值是很容易判断，在不同历史时期都是很重要的，比如北京的故宫。而更多的历史街区和建筑的价值判断，在不同历史时期都是不一样的，比如上海的石库门，在20世纪二三十年代就是很寻常的，没有保护价值，可是到今天则不同了。更重要的是，不同时代对于城市的发展需求价值也差别很大。比如20世纪50年代，北京要拆掉城门盖工厂，对于那个时代，城门是寻常的老东西，天天见不算什么。而现代化的钢铁工厂却是新鲜东西，对于新中国至关重要，所以也就只能"夕阳无限好，只是近黄昏"了。个人的价值判断，一定要放到特定的历史环境中去考虑，就好像对于清朝人钟表绝对比汝窑的瓶子贵重多了，汽车更是难得。

所以，保护还是不保护是一个问题，答案并不总是清晰的。规划师不正是每天都在碰到这样左右为难的问题吗？如何在我们所处的时代，用最具有前瞻眼光的智慧，小心翼翼地盘算成本和收益，是对优秀规划师的考验。

10．究竟是谁在破坏城市中的历史风貌区

究竟是谁在冒天下之大不韪，破坏着城市中的历史风貌呢？

首先，第一个破坏者是自然。当然，作为物质的城市，也同样受自然规律的影响。中国和东亚其他国家以木质建筑为主，其消亡的速度就比以石材为主的欧洲城市快，甚至湿润的中国东南地区又比干燥的西北地区快。除此以外，还有各种天灾，火灾、海啸、洪水、地震等。

然后，第二个破坏者是时代。时代是最重要、最根本的破坏者。从历史观点看，城市总体上就是不断改变模样的，宋朝人也是会要改变唐朝人的城市的，没有

一个城市是一成不变的。今天中国的古城，大多也就只能保存到明朝以后的城市，明以前的遗迹都是凤毛麟角了。现在的中国，处在历史上前所未有的快速城市化过程中，而且还是一个现代化的过程。这个过程的本质推动力是，人民的日益增长的物质需求。人民需要住进现代化的高楼大厦，用上水电煤和抽水马桶，需要有防火防震的保护，需要空调，需要停车库，甚至还要上网用手机，等等。总之，人民要过上现代化的日子，很难坐拥一个美丽的古城，过着古代人的生活。这是全世界所有城市都面临的现代化问题，西方很多城市历史风貌保护得比中国好的一大原因其实是，他们的建筑和道路结构更加适合现代化。除了现代化的要求以外，还有速度的要求。所谓风貌保护区，也不是一成不变的地方，而是缓慢变化的地方，也就是"渐变"。当今的中国是快速城市化，"快"是"剧变"，而历史风貌保护区本质上又是"渐变"。"剧

变"就会和"渐变"之间产生矛盾，"剧变"的东西
总是会破坏"渐变"的东西。上层建筑的文化需求从
根本上总是要先让位于下层建筑的物质需求的，这是
一般规律。

再次，第三个破坏者是利益。除了无情的自然界和
滚滚洪流的历史发展以外，最大的破坏者就是各种
利益集团。除了之前提到的一般利益集团，比如人
们需要现代化生活而跟不上历史的城市街区以外，
还有特定的利益集团。之前的文章提到，城市风貌
保护区的成本和收益问题，这是从最广大人民和社
会的角度出发的。但是有一些特定的利益集团，却
是从其自身特定的局部的成本收益出发的，比如某
些开发商。这些利益集团，常常是现在面临的最主
要的城市风貌区破坏的原因，对他们的制约需要民
主社会的法制和舆论监督。

最后一个破坏者才是愚昧无知。这也是被大多数振振
有词的君子学者们批判最多的。当然全社会的文化素
质和价值观水平，确实是很重要的。但是在大部分城
市风貌区被破坏的过程中，这方面的因素往往是小于
前三者的。

11. 历史风貌区保护的最好的途径是让它"活"下去

当我们已经决定要对一个特定地块进行历史风貌的保护时，应该如何去保护呢？到底什么是最好的保护方法呢？对于，这个问题，已经有无数的规划策略和技术方法的研究，这里不赘述。

当然，所有的建筑技术，和其他工程技术都是重要和有作用的。这里要讲述的是，保护的最核心，最有效的途径和原理。这个最有效的途径就是让历史风貌保护区拥有使用价值。当它拥有使用价值时，它就是活的，否则就是标本。"活"的街区，才有生命力，所谓生命力就是：一方面，它有自身继续存在下去的能力；另一方面，只有"活着"，才能最好地展现它的功能价值，活的总比死的好。"活下去"的历史街区分以下几种情况。

第一种情况，稍加改造就能保留原有的功能，比如，近现代私人的住宅别墅、剧院等。第二种情况，需要一定的改造，也还是基本保留原有功能的，比如古代的宗教庙宇。第三种情况是，需要一定的改造，但是要改变原有的功能，比如北京的故宫、巴黎的卢浮宫。第四种情况是，需要进行大规模的改造，彻底改变其原有功能的，比如，旧里弄改造的商业餐饮设施，旧监狱改造的旅馆，旧工厂改造的创意产业园等。第五种情况是，将该地区除文化纪念保留以外，没有特定的实际城市功能，也就是做成某种"标本"保留，比如，城市中的废墟遗址。第六种情况，是一种比较麻烦的情况，就是需要保护的地块或者建筑有相当价值，改造或者功能保留都没有什么问题，但是占地小而孤立，位置又恰好处在一些城市改造的关键部位，比如道路地铁的通过位置，或者是江河泄洪区。对于这样的地块的处理，有时候是建设新建筑与其共存，或者整体搬迁，比如上海音乐厅和外滩水文观测塔。第七种情况，是更加麻烦的一种情况，即改造的成本和技术难度都很大，保持原有功能不变则很难适应现代化生活

牛津大学[1]（作者自摄）
1 今天的牛津大学就和它自中世纪至今的任何一个时代都相差无几，哥特式尖顶与围合式的修道院建筑群。这是活着的历史建筑群，也是最有活力的历史保护。

或者自然条件，变更其功能又不太可能。比如，成片
的有历史价值的居住区，如上海的石库门、北京的胡
同。这些地区，规模一般比较大，改造成本很高，居
住在其中的人群有提高生活质量的需求，变更功能的
可能性一般也很小。当然也有一些有益的尝试，如上
海的田子坊，将上海的新式里弄改造成特色饮食和旅
游景区。

所有的城市历史风貌保护区的保护，都应该尽可能地
避免第六和第七种情况，尽量让这个地方活起来。如
果碰到了，也就只能是规划师们发挥最大智慧，八仙
过海各显神通了。

12. 图面的有序和美观与现实空间的关系

当我们在审视一张规划蓝图（通常是一张总平面图）时，总是期待从中直接读出未来城市的美好。作为非专业的政府决策者和普通民众，可能更是如此。规划图纸图面上的整齐有序以及美观，确实是很容易博得被咨询方的好感的。

但问题是，图面上的这些有序并不代表现实空间的美好。

首先，我们不是生活在这个城市中的鸟，不会飞在天空，鸟瞰这个城市。我们是人，普通人，走在路上抬头看这个城市。所以，总平面图上追求的那些几何图形美感，只能偶尔在飞机上看到。

其次，图面的有序便于规划师进行各种分析，显得规划成果很有说服力。这种对于规划咨询过程的有利，很吸引规划师去做，但对于城市本身来说没有半点益处，甚至有可能是灾难。比如，机械地将城市按照TOD原则、城市功能分区原则安排。图纸上很简单清晰，但是城市就变得单调乏味。再比如，居住区一排排，排得很整齐，但是生活在里面的人却很容易迷路。

巴塞罗那的卫星图局部[1]
摘自：google earth
1 巴塞罗那呈现出规整的城市图案肌理。

最后，图面上的杂乱无章并不代表城市的混乱不堪，形式和内容没有必然联系。我们看看成熟的传统城市的卫星影像图，比如苏州、杭州，老城区的空间肌理没有任何几何规律，就像苏杭的园林，但这完全不影响它们作为"天堂"。巴黎和巴塞罗那，卫星影像图上可以看到城市整体几何棱角明显，一样是美丽的城市，但是生活在其中的人感觉不到这些几何构图对他们城市的作用。

13．大城市交通拥堵为什么总是治理不好？

大城市患有"巨人症"的一个最基本的病症就是堵车，现代化的城市里路比以前宽了，可却更加难走了。几乎所有的大城市都下大力气治理拥堵，但是随着经济不断发展，科技不断进步，反而是每况愈下。为什么大城市的交通拥堵治理不好呢？究竟是什么原因造成了交通的拥堵？

原因一，私人小汽车的不断增长。这是最直接，也是最重要的原因，因为我们正生活在一个汽车时代，这段历史也就不到 100 年，对于中国也就 30 年。但也就是这段时间，才有了所谓拥堵的事情，之前一切风平浪静。以北京为例，机动车保有量从 20 万辆到

500 万辆的发展，花了不到 20 年的时间。反正车多到一定程度，不拥堵才怪，这是一个简单的道理。所以，上海这样的城市从 20 世纪 80 年代就开始以牌照拍卖的方式，严格限制私人小汽车的拥有。和其他商品进入家庭不同（如电视机、个人电脑、电话、手机等），汽车的使用具有很大的外部性（其他一般商品几乎没有外部效应），污染空气、占用道路、占用土地停车等，并且这种外部性并没有很好地体现在价格上。

原因二，道路资源的有限性，路不可能一直修下去。机动化的初期，解决拥堵最有效的办法就是修路，多修路，修宽马路、好马路。但是很快这种办法就失效了，原因很简单路修得没有车增长得快。而且道路资源是有限的，一般最多占城市土地面积的 20% ~ 25%。如果道路再多，城市就变成停车场了，不用建别的东西了。

原因三，道路网络结构的各种不合理。我国把城市道路分为四级，即城市快速路、城市主干路、城市次干路和城市支路。不同等级道路之间有最优的配比关系，等级越低的道路，所占比例应该越高。马路不是造得越宽越好，窄的小马路也是很有用的，用来灵活的分流和减少绕行。简单地说，在相同的道路面积条件下，如果都是高等级的宽马路，就不如有一定量的低等级道路效率高。也就是说，需要有一定的道路密度。我国北方的大部分城市，就多宽马路，而道路密度小，严重缺乏支路网的分流。这也就是为什么许多车常常都堵在一条大路上。

原因四，用地配置的不合理。城市土地的布局和城市道路网络的规划是相互依存的关系，如果布局不合理，也会产生严重的道路拥堵。城市整体的土地布局是整个城市的结构问题，如果在布局结构上，人总是需要去很远的地方工作、学习，那么平均出行距离就大；如果人都被一个地方所吸引，那么这个地方的交通就会瘫痪。比如，北京的居住用地都在三环以外，而工作地点都在市中心，所以早高峰都是四面八方进城的车流，当然拥挤不堪。反之，如果上班上学都就近解决，那就也不会这么拥堵，比如计划经济时代的工厂和政府机构大院。当然这一切都有利有弊，土地和交通的平衡是一个复杂的系统工程。

原因五，公共交通的不发达。治理拥堵，最重要和最有效的方法还是公共交通的发展。随着城市规模的扩大，平均出行距离就会增加，靠走路和自行车是不可能到达所有地方的，机动化的出行是必然。不能开私家车，那么公共交通成为唯一的选择，其中轨道交通的运力和速度是最有效的。一个城市的交通拥堵，往往是公共交通的服务水平远不如私家车，没有竞争优势。而一个和谐的城市，往往是公交发达舒适，比开车更方便，比如欧洲的一些大城市。

14. 为什么现在新建的城市总是"千城一面"

城市最吸引人的部分就是各自风貌特性，因不同地理区位、时代沉淀和文化背景而五彩缤纷。规划城市整体风貌的和谐和特色是城市规划的重要内容，许多城市也会开展专项的城市风貌规划。

但是，现在每当中国各地在进行"大规划"时，越是极力彰显地方特色，越是进行整体风貌控制，反而越是千城一面，毫无特色可言。那么多精英的规划师、艺术家和各类专家学者，他们的努力反而常常导向相反的结果，这是为什么呢？

最根本的原因是，城市的风貌特色并不取决于规划师的个人的文化特质，而是本地的文化积累。今天我们能看到的最有魅力最富民族特色的城市，无一不是长期历史积累的结果，而没有一个是哪位伟大规划师的杰作，或是某个超级规划方案。城市风貌规划不应该是体现某一些特定人的意志，而是处理好整体的平台，特色由这个城市的人民通过时间积累慢慢展现出来。风貌规划是防止一些明显的破坏整体氛围的行动，而不是主动促成某种特色的形成。

具体说，还可以分为以下几个原因。

第一，我们生处在全球化文化大融合的时代，而且西方文化作为最强势的主流文化进入是客观现实。加之现代的建筑技术也主要是配合西方文化的表现的，我们不太可能有大规模低矮的木质的新建建筑。古代社会，之所以有城市之间文化特色的巨大差异，主要还是因为由地理阻隔造成的文化差异，而今天这个差异不断减小是必然趋势。

第二，城市更新速度太快，没有时间的积累。罗马不是一天建成的，也没有哪一个城市的特色风貌是一夜而就的。今天中国快速的城市化进程，没有给予城市积累特色的时间。这个积累的过程，不仅仅是城市中建筑的更新，更是人的各种活动对城市环境的影响和定义。

第三，规划和设计人员，一般不来自于本地。优秀的规划设计人员一般都是集中在经济发达的大城市，所以一般来说一个城市的规划设计负责团队都不是本地人。这是很自然，也几乎很难避免的。所以规划师对当地特色的理解和把握，是有一定距离的。这需要规划师团队与地方的沟通，特别是邀请当地民众进行参与。而有一些规划师，却完全不顾及当地风貌特征，完全是在一个真空的空间展现其个人的"作品"，当然这种脱离现实的成果就和风貌特色南辕北辙了。

第四，规划设计人员方案生搬硬套的标准化。这是目前最直接，最普遍和最不可原谅的原因。在快速城市化的进程中，什么都要求快速，规划设计的过程和最终结果也变成"快餐式"的标准化生产。这种情况在中国各地的新城建设中最为明显，比如成片标准化的居住区，又比如政府四套班子的大楼为核心带动新区开发的模式等。所以，常常身处一个新城，会有不知自己在何地的茫然，因为实在都太像了。标准化、模式化的方案，不但生产效率高效，而且能满足各种规划设计硬性标准。本质上说，这是规划师职业道德的缺失。

15. 城市建设和发展是要花钱的

城市建设和发展是要花钱的，有各种成本，而且这个成本还很高，往往是这个城市的最大开销。这是很自然的事实，本来无须赘述。但是，现在的规划师在进行规划的过程中，对此却熟视无睹到不知有此事，或者认为无论怎样的规划都不为过，资金根本不是问题。

不考虑建设成本的规划，如果不是推卸责任，就是肆意幼稚的行为。一个家庭装修时，不是不知道铺实木地板比瓷砖好，但是最后还是铺瓷砖，为什么呢？因为没钱。这个简单的道理却被现在规划师抛在脑后，动不动把最先进最时尚的设计，最昂贵的基础设施搬出来解决城市建设问题。看上去很美好，实际上不切实际。本质上，是不负责任。时间久了，这些时尚的规划师就开始集体患上了"幼稚病"。

城市建设的融资从来都是一个大问题。一般来说，城市建设的资金无论是人民币还是美元都是以"亿"记的，占用了相当一部分的城市财政收入，一般都是城市公共投入最大项目。例如，地铁的建设，差不多每公里的建设成本在一亿元人民币。为了进行融资，中国的城市一般会设立专门的城市投资公司。

既然，城市建设的成本那么高，为什么现在的规划师却很少考虑这方面的事情呢？两大原因。

第一，我们的时代蒙住了我们的眼睛。人总是很容易被自己所处的时代迷惑，把暂时的现象误以为是一般的情况。最近的 10 年左右，地方政府的城市建设资金主要来自于土地的有偿转让，资金相对充沛，再者随着基础设施的投入，土地价值也会提升。这也是现在快速城市化的最主要动因之一。在之前的时代，中国的地方政府也是积极向各方融资，但我们都忘记刚过去不久的时代。从 2012 年开始，中国的地方债务比例不断增加，主要是因为可供出让的土地不断减少所致，这一点我们又置若罔闻。总之，资金充沛的时代总是暂时的，长久来看城市建设融资始终都是大问题。

第二，城市投融资建设的内容一般不出现在现有的规划编制流程内。现在中国的城市规划编制流程中，很少把建设成本相关的内容包含在规划内容中，虽然偶尔也会有一些经济测算的内容。这是导致现有的规划师，不熟悉也不重视主要的城市建设成本大致的费用的主要原因，整个规划设计流程处于一种理想化的环境。

16. 最后还是要开出"药方"的

这是在本书的最后要讲的一个常识了，这个常识就是
"一定要开出药方"。这件事情在医学上，再简单不过
了，如果医生有再高超的诊病能力，没有治病能力，
还是无用的。相反地，也许一位巫医没有诊病的能力，
却用巫术治愈了病人，反而是可以接受的。在现代城
市规划之前的时代，基本上就属于医学上的"巫医时
代"了，即便在这样的时代，人类也创造了伟大的城
市建设的辉煌文明。

在今天主流的西方城市规划学界内，这门学科逐渐被
改造为以实证研究为主的"诊断学"或者"批评学"。
对于从事城市规划实践的建筑师、规划师和城市管理
者的批评，变得非常的容易。当实践者开出自己的药

方的时候，"批评家"们可以轻而易举地说，这一服药太冷，那一服药太热，这一服药太猛，那一服药太慢。

"物质决定论"作为"名器"的帽子，常常是可以很轻易地扣上去的。绝对物质决定论固然是有问题的，因为城市的本质远不止物质空间环境。而脱离了物质空间的城市讨论，又成为什么了呢？城市规划的药方最后还是要指向物质空间的，就像所有的药物最后还是要用在人的身体上。

这是全书最后的一则"常识"了，也是最基本的"常识"。没有这一条"常识"，所有的"常识"都变得没有根基。而这条最基本的常识，却常常让最聪明的人看不见。

后记

本书在未正式出版之前，书稿在身边几位朋友之间流传，有些并非规划专业。所谓"常识"，在非专业的朋友面前，反而不是问题，觉得显而易见，倒是在多年专业的老规划面前，却需要咀嚼良久。也许是身在庐山，不识庐山真面目吧。

笔者在自序中提到，希望这些"常识"应该是无须争辩的，但是在传阅的过程中，却得到了最多的争辩。也许"常识"二字多少还带了点对于时代讽刺的意味，我与周树人先生一样，并无意专门写"阿Q"来对号入座。实在是有困惑，而把个人的解答写出来，供大家讨论。

最后，感谢汤諹博士，在写作过程中对于我的启发和讨论，最初想法都是在与他的闲聊中诞生的。最初是我们之间的疑问和困惑，一开始是笑笑，慢慢地就笑不出来了，在见怪不怪后，有了这本理性思辨。

感谢中国建筑工业出版社的责任编辑段宁女士，感谢她一直以来对我的督促和认可。催促我这样一位有严重拖延症的人，需要极大的耐心。感谢同济的城市规划系各位老师，感谢牛津大学交通研究中心的各位老师和同事。感谢梁鹤年老师在他历年的讲座中，给予我的启迪，他是我见到的少数在西方学术圈中对于西方学术界批判最深刻的华人学者。

在同济大学求学的14年间，几乎占据了我青春的全

部时代，在别离之际，能留下这本感悟之书作为一个
阶段的总结，便不枉这岁月。

笔者于同济园

2015 年 1 月

图书在版编目（CIP）数据

城市规划常识/施澄著.—北京：中国建筑工业出
版社，2017.1（2024.1重印）
ISBN 978-7-112-20294-2

Ⅰ.①城… Ⅱ.①施… Ⅲ.①城市规划—基本知识
Ⅳ.①TU984

中国版本图书馆CIP数据核字（2017）第011123号

责任编辑：段　宁　戚琳琳
书籍设计：康　羽
责任校对：陈晶晶　李欣慰

城市规划常识
施澄　著
＊
中国建筑工业出版社出版、发行（北京海淀三里河路9号）
各地新华书店、建筑书店经销
北京京点图文设计有限公司制版
北京中科印刷有限公司印刷
＊
开本：880×1230毫米　1/32　印张：5　字数：63千字
2017年3月第一版　2024年1月第二次印刷
定价：25.00元
ISBN 978-7-112-20294-2
　　　（27443）